高等院校艺术设计专业精品系列教材
"互联网+"新形态立体化教学资源特色教材

服装图案创意与表达

吴 茜 杨 枝 **主 编**

徐立楠 顾励超 **副主编**

中国轻工业出版社

图书在版编目（CIP）数据

服装图案创意与表达 / 吴茜，杨枝主编. —北京：
中国轻工业出版社，2022.4
ISBN 978-7-5184-3585-2

Ⅰ. ①服… Ⅱ. ①吴… ②杨… Ⅲ. ①服装—图
案—高等学校—教材 Ⅳ. ①TS941.2

中国版本图书馆CIP数据核字（2021）第139615号

责任编辑：徐 琪 李 红　　责任终审：高惠京　整体设计：锋尚设计
策划编辑：李 红　　　　　 责任校对：宋绿叶　责任监印：张 可

出版发行：中国轻工业出版社（北京东长安街6号，邮编：100740）
印　　刷：艺堂印刷（天津）有限公司
经　　销：各地新华书店
版　　次：2022年4月第1版第1次印刷
开　　本：889×1194　1/16　印张：7.25
字　　数：200千字
书　　号：ISBN 978-7-5184-3585-2　定价：48.00元
邮购电话：010-65241695
发行电话：010-85119835　传真：85113293
网　　址：http://www.chlip.com.cn
Email：club@chlip.com.cn
如发现图书残缺请与我社邮购联系调换
200654J1X101ZBW

前言

  《服装图案创意与表达》是教学改革项目"校企合作模式下服装专业应用型人才培养模式探索"和科研项目"基于市场需求下的无缝内衣款式与图案设计研究"的项目研究内容之一。

  针对目前服装专业人才的应用型培养，课程教学内容的实践性训练，以及专业教学结合市场的实效性目标，服装设计专业基础型课程必须改变以往传统、单一的教学方法，而应从教学内容、教学形式、课程案例、课程作业等方面入手，力求使学生在掌握基本理论知识的基础上将设计理念、设计方式、服装文化及流行趋势各方面融会贯通，并把设计理论与市场实际需求结合起来。

  为此，《服装图案创意与表达》兼顾了专业基础知识的理论性要求，丰富了课程教学实践性的项目案例，扩充了当下行业发展的新技术、新方法的知识内容与实训，使该教材适用于服装与服饰设计专业、服装工程专业、染织艺术设计专业的专业课程。

  本书编写人员均为武汉设计工程学院教师。吴茜老师编写第1章、第2章，第4章的第四节，第6章的第一节，第7章的第三、第四节内容；杨枝老师编写第4章的第三节，第5章、第6章的第三、第四节，第7章的第一、第二、第六、第七节内容；徐立楠老师编写第3章、第4章的第一节，第6章的第五节内容；顾励超老师编写第4章的第二节，第6章的第二节，第7章的第五节内容。全书由吴茜老师统稿。

  此教材的章节内容已在近两年的"服装图案"课程教学中运用与实施，学生学习的积极性与主动性明显改进，教学内容的实效性与市场化有效增强，专业知识的前沿性与实践性有效转变，课程作业设计上的创新性和工艺制作上的质量感有效提升。希望此教材能够获得广大读者的欢迎，并恳请对书中的不足之处提出批评指正。

编者

2021年10月

目 录

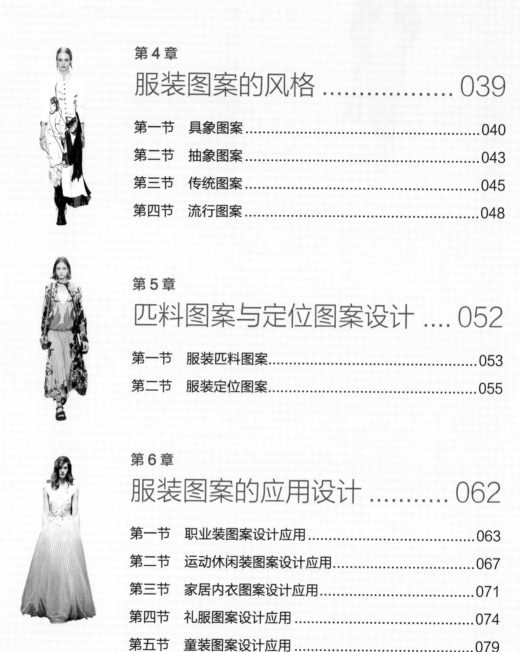

第 7 章

服装图案的表现工艺 087

第1章
服装图案概述

本章要点

- 服装图案的概念。
- 服装图案的审美与功用。
- 服装图案的意义与特征。
- 服装图案的发展历史。

PPT 课件

本章引言

　　服装图案是诠释服装风格与表达设计的要素之一。服装设计有赖于图案纹样来增强其艺术性和时尚感，当下，服装图案已越来越多地融入男女时装设计及儿童服装设计之中，成为人们追求服饰美的一种特殊要求。

　　在服装设计与制作过程中，虽然我们可以通过有效的服装结构与服装工艺去表现和塑造设计作品，但伴随着服装流行趋势的不断变化，以及科技手段的快速发展，服装设计与制作的形式语言与技术媒介也在随之更迭。服装图案也是如此，在当下的服装设计表现中，服装图案的主题风格、图式语言、制作工艺、技术手段更为多元化，具有丰富性和时代感。因此，充分了解服装图案的概念、分类、功用、意义与特性，能帮助我们更好地进行服装图案的创意表达与设计。

第一节　图案与服装图案

服装图案是继款式、色彩、面料之后的另一重要元素。图案有灵活的应变性和极强的表现性，它有效地满足了人们对服装日益趋新、趋变和趋向个性的需要。各色各样的图案通过不同的形式语言和制作工艺表现在不同类型的服装中，人们惊叹图案的艺术魅力，其使服装风格与时尚追求得到充分而完美的展现。

一、图案的概念

什么是图案？"图案"乃图形的设计方案，是带有装饰意味的花纹和图形。设计者依据实用与美化需求，运用材料并结合工艺、技术及经济条件等，通过艺术构思进行设计并形成图样。

有学者谈及"图案"及其概念，认为是源于20世纪初的日本，是英文"Design"的日译。英文"Design"主要指方案、图样、设计、纹样等，也有模样、样式、设计图等含义。汉语中，"图"是指绘制出来的形象、图样、图稿；"案"则具有计划、方案、设想之意。因此，对于图案的概念理解应从"广义"和"狭义"两个不同层面理解。广义的"图案"是指对某种器物或建筑实体的造型结构、色彩、纹样的设想，并遵循一定的工艺材料、用途、经济、生产等条件制约所绘制的样式图形。狭义的"图案"是指按照形式美规律，构成具有一定程式和秩序感的图形纹样或表面装饰（图1-1）。

二、服装图案的概念

服装图案，即针对或应用于实用性和装饰性完美结合的衣着用品的装饰设计和装饰纹样。服装图案与染织图案、装潢图案、建筑图案的艺术内涵是一致的，规律是相通的。同时，服装图案的基础知识与技法也与其他艺术设计领域的图案设计有共同之处。其区别在于服装图案有着自己特定的装饰对象、用途范围和特殊的工艺制作手段及表现方法。

在服装设计过程中，图案设计与服装设计各有侧重。服装图案侧重于对服装整体，或是对服装款式细节的装饰、美化与突显；服装设计则更注重服装总体的规划设计（图1-2、图1-3）。

图 1-1　产品包装装饰图案

图 1-2　路易威登（Louis Vuitton）与山本宽斋合作推出的 2018 早春系列

图 1-3　2018 年，山本宽斋为路易威登（Louis Vuitton）创作出品的系列服装配饰

服装图案属于图案的一种。图案作为一种造型艺术，其涵盖的范围及材料运用都很广泛，常常出现在我们的生活中。如：包装设计、陶瓷设计、家具设计等，其在设计中扮演"装饰"的角色。服装图案有别于其他类型的图案，它与服装、服装配饰和人体之美紧密相连。运用特定的结构规律和表现手法，可通过对图案的提炼、抽象、夸张与变化等丰富服装设计。如图1-4所示，体现了不同类型的图案素材，诸如花卉类、几何类、人物类等图案主题，经过设计提炼、夸张重组等方式表现服装设计细节，并丰富服装面料的图形之美、纹理之美和材质之美。

三、服装图案的分类

服装是实用与艺术相结合的产物，图案在服装上的应用十分普遍。图案与服装的结合体现了人们对服装美和服式多样化的不断追求。服装图案对服装修饰的作用具有一定的艺术性与时代性，同时也形成了服装图案较为庞大的类别。

1. 按照空间形态分类

按照空间形态分类，服装图案可以分为平面图案和立体图案两类。平面图案是指在物体表面所呈现的各种平面化的图形图案，如运用于服装和服装配饰中的所有面料或材料的纹样图案均属于此类图

图1-4 （从左至右）Alexander McQueen 2014 春夏系列，Christopher Kane 2016 秋冬系列，Givenchy 2014 春夏男装，Hermès 2014 春夏系列

图1-5 （从左至右）Comme des Garcons 川久保玲 2018 春夏系列，Angel Chen 陈安琪品牌包袋

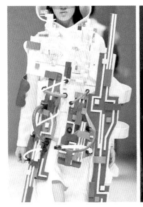

图1-6 服装上的立体装饰图案

案（图1-5）。

立体图案是指对服装、配饰等进行的立体化的装饰图案。例如在服装中运用面料表现形成的立体花、立体纹饰、褶裥、铆钉装饰等，以及鞋帽、包袋等物品上的立体装饰物，均属于服装立体图案（图1-6）。

2. 按照构成形式分类

按照构成形式分类，服装图案可以分为独立图案和连续图案两种。

（1）独立图案，又分为单独式独立图案和适合式独立图案。单独式独立图案是一种比较活泼的图案形式，可以在服装中自如运用，形式变化多样。

适合式独立图案在服装图案设计与应用中受制于外形轮廓，可以凸显和强调服装款式、廓型与结构，因此在服装及配饰中应用也较为广泛。

（2）连续图案，根据其构成形式又可以分为二方连续图案和四方连续图案。二方连续图案在服装的边缘装饰中运用较多，四方连续图案在各类纺织品面料中运用较多。如图1-7所示，单独图案和连续图案其构成形式的独特性，在服装中所起到的作用、体现的美感也各有差异。

3. 按照图案题材形式分类

服装图案按照题材分类，可以分为人物图案、风景图案、花卉图案、植物图案、动物图案、几何

图 1-7 （从左至右）
Valentino 2020 春夏独立图案、连续图案

图 1-8 （从左至右）
Alexander McQueen 2020
春夏高级成衣人物图案、花卉图案、几何图案

图案等。不同题材图案其特点、方法、形式又形成差异化，适用于不同类型的服装。如图1-8所示，人物图案、花卉图案和几何图案在其造型形式、方法表现上的运用，存在着应与不同类型女装款式紧密结合的特殊性。

4. 按照工艺类型分类

按照工艺类型分类，服装图案可以分为印染图案、编织图案、刺绣图案、拼贴图案、镂空图案、蕾丝图案等。如图1-9所示，服装图案运用不同工艺表现，丰富了服装设计的美感，有效诠释了服装

图1-9 "王者荣耀"——Dolce&Gabbana2018春夏系列

设计理念与风格，因此，伴随传统文化的传承与发展，以及当代科技的发展，越来越多的品牌服饰尝试使用多元的工艺表现面料图案，以增加品牌服饰文化内涵。

综合服装图案的分类方式，不难看出服装图案设计与表现侧重角度的差异性，形成了服装图案在空间形态、构成形式、工艺运用、素材表达等方面均有不同。同时，伴随时代发展，新技术、新思维、新视点不断出现，服装图案的分类也将更为多元化、丰富化。

第二节 服装图案的审美与功用

现代服饰设计的审美要素除包含服饰的样式、结构、工艺、材料及色彩等主要元素，还包含一个重要的设计元素——服饰的图案。设计师为了给服饰设计作品赋予更多文化内涵和视觉效果而加入许多图形元素，以此来张扬作品的个性。

一、服装图案的功用

纵观服装图案的发展历史及其广泛多元的表达形式，其与人类生活的切实需要有着密不可分的关联。服装图案不仅是服装设计中重要的设计元素之一，也是一门具有多元价值与功用的艺术。服装图案体现了民族性、实用性、艺术性、工艺性、针对性等功用。

（1）**民族性**。每个国家的文化都具有自身的独特性及较强的民族特色，艺术上的民族风格是对本民族的社会生活、风土人情、民俗文化等的观察、体会、选择、取舍和表现，象征着一个国家的文化艺术水平。

（2）**实用性**。服饰图案不是纯粹的意识形态范畴，而是能表现人们对生活的感受。其不仅要求作品反映现在，而且要展现未来，既要忠于现实，又要高于现实；要来源于生活、高于生活，更要服务于生活。

（3）**艺术性**。服饰图案不仅具有实用功能，同时又必须具有较强的装饰功能，要带给人们美的感受。

（4）**工艺性**。服饰图案是依附于衣物等进行装饰的，图案素材的选择、装饰部位、表现手法和表现形式都要根据款式的特点和服务对象的需要而定，不能脱离服装显示它的审美价值和经济价值。同时也会受到原材料和加工工艺的制约。

（5）**针对性**。任何一款服装都有相对应的消费群体，而不会以所有人为对象，消费群体的社会构成因素很复杂，在服饰图案设计中，其许多方面都会受到消费群体的主要对应因素的制约。

如图1-10所示，亚历山大麦昆（Alexander McQueen）在服装中以面料图案的民族性、工艺性诠释设计主旨，将民族的拼布工艺与艺术语言运用表现在现代女装中，各种几何图形与符号结合立体裁剪完美自然的拼合，丝毫没有因为服装结构和人体线条的变化破坏完整的抽象拼缝图案，完美诠释了服装图案在设计中的功能与作用。如图1-11所示，礼服的图案与工艺，有效体现了服装的着装场合和消费个体的需求，因此服装图案的题材、材料和工艺等均体现了服装针对性的功能需求。

二、服装图案的审美

1. 表现之美

艺术作品的表现诉求具有相似性，即通过表现塑造等语言形式使作品获得更加广泛的认同与赏识。服装设计也存在这种表现特征。从某种层面来看，服装设计作品更需要这样的认同与赏识，因为服装是大众化的消费产品，人们无论在何种场合，都会对自己的服装、服饰以及着装形象有所设计和表现，以此来提升自己的外在形象。各式各样的带有图案样式的服装和服饰用品恰好满足了人们的需求，获得受众的认同与欣赏，穿着饰有图案的服装也更能彰显人们的个性与风格。例如文化衫、T恤、休闲卫衣等服装图案，表现主题多元，表现形式多样，材料工艺多重，充分体现了极强的时代感，体现了年轻一族的生活态度和未来追求（图1-12）。

2. 视觉之美

服装艺术的视觉特征除了表现在服饰的款式、结构、色彩、面料及工艺等方面，服装图案在现代服装中的运用也非常重要。在服装设计过程中，设计师们往往会利用图案的特殊视觉效果去表现某些

图 1-10　Alexander McQueen 2020 秋冬服装

图 1-11　Alexander McQueen 2020 春夏服装

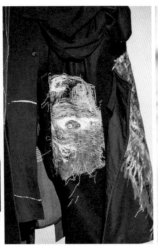

图1-12 山本耀司男装服饰采用独特性的工艺手法显现了图案的表现之美

图1-13 （从左至右）少数民族的挑花图案、织锦图案、蜡染图案

视觉重点，如在前胸、后背、衣襟、领口、袖口等位置加入必要的图案元素，以此来丰富和强化服装的视觉特征及空间效果，显现设计焦点，提升服饰的艺术内涵。如图1-13所示，中国少数民族服饰中的图案表现具有极强的视觉感。其丰富多彩的图案样式和造型，以及对比鲜明的色彩效果，强化了视觉感，突出了民族文化内涵，也提升了服装的识别度，耐人寻味，体现了民族服饰艺术独特的表现特征。

3. 文化之美

对比中外服饰艺术，我们不难看出中外服饰较为鲜明的发展脉络和服饰文化。不同国家、不同时代的文化造就了艺术的发展与演变，服饰文化也不例外。中国古代楚人服饰上的长寿绣、信期绣、乘云绣，蕴含着楚人图腾崇凤的文化特征。服装的款式、色彩、功能及穿着习惯是时代文化的标识，而服装上的图案元素应该是最能彰显和表达服饰文化特征的元素之一。例如，中国传统的龙袍图案体现的是至高无上的皇权文化，不同等级的人的着装图案有着严格的限制。日本和服绚丽多彩的图案，体现了日本服饰独特的文化内涵与风格。例如传统和服上的多彩图案，常使用最具代表性的友禅染，在白色绢布上先画再染，反复渲染上色，花卉的花蕊、动物的眼睛、鸟的羽毛，甚至昆虫的触角等，细微之处美轮美奂。再施以金泥、金箔、刺绣等装饰，和服图案更加精致、精美。日本和服因此也成为母亲传承女儿的寄托之物，以此传情达意。又如，在西方20世纪的服饰文化发展中，将绘画艺术融入服饰，以体现20世纪人类服饰文化的多元性和融合性，蒙德里安裙、龙虾裙都是那个时代的经典服装，体现了西方20世纪后期人们审美观、价值观的转变。当代服装设计师越来越注重表现带有自身民族文化特色的服装作品，而图案是他们表现这一形式的最好载体。将地域文化、民族文化融入服装设计，可以使作品更具生命力和竞争力。我们看到服装市场上，已经有越来越多的品牌意识到文化对于品牌发展的核心竞争力，并取得了很好的文化影响和市场效果，楚和听香服饰品牌就是其中的典型（图1-14）。

4. 艺术之美

服装图案在设计中的运用，显现了图案在服装艺术中的重要地位，在常规的服装设计中，设计师们经常会受到材料及工艺的制约，无法突破原有的设计风格，为了能够形成较有创新特色的风格，引入图案元素不失为最佳选择，因为在各式各样的图案艺术中，包含了许多文化及艺术内涵，这对于表现服装设计的艺术特征有着事半功倍的效果。例如，中国传统的旗袍装和唐装服饰，人多采用了印

有中国传统吉祥图案样式的面料来进行设计和表现，彰显了中国传统文化的艺术特征和审美观。

5. 时尚之美

服装艺术自始至终都伴随着时代的变化而发展，好似"时尚"一词。不同国家和地区，由于其文化背景、风俗习惯的差异，对服饰艺术的审美追求也大不相同，这也形成了丰富多彩的服饰文化与风格。同时，年龄的差异、时代的变迁、科技的进步、气候的转换等因素也会影响时尚特征的变化。世界范围内的年度时装流行色及流行款式的发布，也是以时尚为标准的，这说明了时尚对于服装设计是何等重要。某个时期的图案在服装中的运用，也是基于这样的时尚特征而呈现出来的。

6. 工艺之美

在服装设计的过程中，有了时尚的款式、绚丽的色彩、精美的图案、手感绝佳的面料，我们还需要细致的工艺。服装作品最后的成败还取决于服装制作工艺的水平，没有巧妙、精湛的工艺技术，服

图 1-14　楚和听香 2020 春夏高级定制，"开元"系列

装无法达到制作完成的最佳状态。图案艺术在服装中的运用极其讲究工艺，无论是织绣，还是印染，都需要设计师来仔细思考与斟酌。例如在西南地区的苗族、瑶族、侗族等少数民族中，每个女孩在很小的时候就开始手工缝制自己的服装，以备在婚嫁或节庆时穿用。服装的制作蕴藏着丰富多变的少数民族工艺技法，她们做出来的服装，图案精美、工艺细致，具有非常高的艺术价值。在现代服饰作品中，有的品牌服饰也采用了较为细致的工艺来制作服装产品，效果非常出色，市场的认同度和知名度非常高。

7. 材质之美

服装图案的材质特征与美感得益于科技的发展。我们今天的服饰艺术受益匪浅，各种各样的面料及材质给了设计师们广阔的想象空间和创意空间。工艺技术不断改善和进步，不仅可以实现服装图案在材料上的多元化，形式上的多样化，而且提升了服饰产品的艺术美感和产品附加值。

当下，服装面料采用浆印、烫印、刺绣、布贴、缝制及电脑印刷等技术表现图案已逐渐趋于成熟，这些技术实现了图案在视觉表现上的审美度和在穿着体验上的舒适度。同样，服装配饰的图案设计与表达，其材料的选择与运用也呈现出丰富化、艺术化的发展趋势，如木质材料、石质材料、皮质材料的运用，各种镶嵌、拼接、雕镂、填塞等工艺使服装配饰风格更加多样化，使服饰的整体艺术效果更加突出和富有创意。由此，在图案的创意设计与表现过程中，设计师如能善用材料并加以表现，将会丰富和完善服装的整体设计效果。

第三节　服装图案的特征与意义

服装图案是按照美的规律构成的图形纹样，对服装有着装饰作用。服装图案作为服装的一部分，使服装产生清晰的层次和格调变化，同样的服装款式采用不同图案进行装饰，其最终效果会截然不同。服装图案的造型传达是多层面的复合结构，从看得见、摸得着、真实的客观具体存在，到依附载体体现出来的内在本质；从内在性格、精神、本质，到色彩及纹样等外在造型形式的反映；从物化于其中的人的思想情感、精神追求、审美观念、传统等，到造型语言形式化、人格化，形、意交融于一体，这些实用功能和审美意念的统一，都将满足人们对物质生活和精神生活的需求。

一、服装图案的特征

服装图案也是图案艺术的一个门类，它是针对服装、佩饰及附属物构件的服饰设计和装饰纹样。作为整个图案艺术的一部分，服装图案同样具备图案的一般属性和共同特征——审美性、功用性、附属性、工艺性、装饰性等。作为一个相对独立的门类，服装图案也有自身的特征：如纤维性、饰体性、动态性、多意性和再创性等。

1. 纤维性

纤维性是指服装图案适应服装材料的物性，而呈现的相应的美学特征。服装面料，也包括一部分佩饰、附件。主要用两类材料制成：纺织纤维和非纺织纤维，这两类材料都不同程度具有纤维的性状，服装图案几乎是附着在面料上的，因此面料的纤维性质也要反映在装饰的表层，成为服装图案材料的特征。无论服装图案采用勾、挑、织、绣、编等工艺。还是采用印、染、画、补等手段，它都会自然而然地将纤维所特有的线条性、经纬性、凹凸性、疏透性、参差性和渗延性等特性转移到面料图案上。纤维性的种种特点，通常是服装图案设计者

图 1-15 蕾丝面料图案利用材料纤维性特点呈现不同视觉美感

图 1-16 （从上至下）少数民族刺绣、织锦图案

必须预先考虑的（图1-15、图1-16）。

2. 饰体性

饰体性是服装图案契合着装人体的体态而呈现出来的美学特征。服装的基本功能就是包裹人体，所以作为其装饰形式的图案当然也与人体有着密切关系。人体的结构、形态和部位对服装图案的设计与表现形式有至关重要的影响。一般来说，较宽阔、平坦的背部可以用自由式或适合式的大面积花样，这可以加强它作为人体背面主要视角的装饰效果。而隆起的胸部和环形的领口则是仅次于头和脸的视线关注部位，其图案装饰往往有既鲜明界定又自然连贯的特点。再则，人体的几大关节转折部位一般不以图案装饰。人体的缺陷还向服装图案提出了复杂又妙趣无穷的视差校正要求，因此，服装的图案设计不能停留在平面的完美上（图1-17）。

3. 动态性

动态性是服装图案随装束展示状态的变动而呈

图 1-17 （从左至右）GIVENCY 2018 春夏女装，Valention 2017 春夏女装

图 1-18　Valention 2020 春夏系列

现出来的相应的美学特征。人身体上的图案随人体不停地运动,它向观者展示了一种不断变化的动态美,对服装图案来说这是充分体现服装本质的真实审美效果,它融时间和空间于一体,在确定和不确定中,呈现出生动的气象和无限的意味。动态美是服装图案重要的美学特征。如图1-18所示,花卉图案在服装中并没有简单地重复排列,而是依据裙型、款式动态性变化,这增加了图案的灵动之美,也更好地呼应了裙摆腰线与人体曲线的动态之美。

4. 多意性

多意性是指服装图案配合服装的多重价值及服装自身结构形式的要求而呈现出来的相应的美学特征。一般来说,服装除了最基本的遮体和美化价值外,还综合体现着穿着追逐流行、表现个性、隐喻

人格、标示地位等多样价值要求。因此,服装图案不仅是服装的纯美化形式,也是其含纳多重价值的重要手段。

5. 再创性

再创性是服装图案于面料图案的基础上得以创造转换的一种美学特征。服装图案的设计包括专门设计和利用性设计两大类,再创性是针对后者而言的。许多服装都是由带有纹理的面料制作而成的,但面料图案并非服装图案,二者之间需要有一定的转换,这就是再创造的过程。这种再创造使原来单一的面料图案呈现出丰富多彩的视觉效果,使适应广泛的面料图案具体化、个性化、多样化。如果说图案设计具有明确的目的性,那么服装图案的再创造则是体现了设计师对图案素材的合理化的再设计(图1-19、图1-20)。

图 1-19　服装图案的再创性设计

图 1-20　运用面料再创服装图案

二、服装图案的意义

　　服装使人类从荒蛮走向了文明，服装图案是创造服装艺术价值的重要手段。在中国民间，女孩常以穿"花衣服"为美，这里的"花"指的是衣服上的图案，无论什么民族，多么偏僻的简陋村寨，服饰都有各种各样的图案。对美的追求是人类的共性，世界的每一个角落都有着自身丰富多彩的服饰文化，服装图案更能加强和显现这种文化间的差异，使民族的艺术个性表现得更具活力且鲜明。

　　作为服装中重要的造型元素——图案，是形成服装风格不可缺少的手段。不同的图案内容、形式、表现手法，加上工艺与材料的变化，营造出或精致、或粗犷的风格，使服装图案千变万化，其是

表现设计师个性、区别各民族文化与审美差异，甚至是时代标记的重要构成因素。

　　国际服饰流行权威机构每年都会给出图案的流行指导方案，成功的服装图案塑造和强化了服装文化的内涵，服装也因此令人过目不忘。可以说，服装图案有着其他任何造型元素都不可替代的功能和作用，它是时尚舞台中永远的流行。

　　在服装设计过程中，服装所蕴含的人文文化与服装图案形成统一。服装的整体风格高度概括了其内涵的人文文化。例如，中国传统服饰中的吉祥图案，土家族服装中的西兰卡普图案，苗族服装中的蜡染图案等，不同文化赋予了图案不同的含义、形式和韵味。

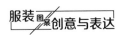

课前训练

- **训练内容：**

  收集服装发布会视频资料，结合时装周品牌发布服装，分析服装图案流行趋势，分析图案在服装中的作用与意义。

- **训练注意事项：**

  建议以小组形式提前准备好视频资料，小组同学合作讨论，自由发表意见，教师正面鼓励，积极引导。

- **训练要求：**

  学生能从图案类型、图案色彩、图案制作工艺和图案风格等方面，分析、评述服装发布会中的服装作品。

- **训练目标：**

  通过小组分析、讨论，培养学生对于服装图案流行趋势与设计变化的敏锐观察力和分析能力，并初步认知服装图案在服装设计中的重要地位与作用。

课后实践训练

- **训练内容：**

  1. 请根据相关作品，思考、分析服装图案的特征。
  2. 查阅课外资料，思考中国古代服饰纹样的特色。

实践训练

第 2 章
服装图案的设计

📌 本章要点

- 了解并学会运用服装图案设计的创意思维方法。
- 掌握服装图案的设计方法，如化简法、夸张法、装饰法、抽象法。
- 掌握服装图案的造型方法，平面式、透叠式、重复式、适形式、巧合式。
- 牢记服装图案的设计原则。

PPT 课件

🖥 本章引言

　　服装图案的设计是以服装为媒介的艺术创作活动，突出表现和传达了设计师的创意与概念，以独特视角去构思与捕捉灵感，以极具个性化、鲜明性的形式语言去提炼图形样式，并有效表现与应用在服装上。服装图案设计的目的是对创意素材的重组归纳、整理升华，把设计师基于服装为载体的图案设计加以程式化、艺术化、风格化，以艺术美的形式表现在服装图案中。

　　对于服装图案设计的学习和训练，是开拓设计思维，提升服装图案设计创造力与表现力的有效途径。本章将通过服装图案的设计构思、设计原则和设计方法等内容深入分析服装图案设计的过程。

第一节　服装图案的设计构思

服装图案的设计构思不是凭空产生的，一定是源自某种媒介素材，可能是某种文化、某个建筑、某段音乐等。而这些媒介素材就是我们图案构思、图案设计创作的源泉。

一、服装图案设计构思的灵感素材来源

服装图案的灵感素材来源可分为自然素材、人造素材、纯形态素材、地域民族素材四种类型。

1. 自然素材

自然素材涵盖了我们生活的宏观世界和微观世界中的所有物质，包含花草、树木、飞禽、走兽等动植物，山川、河流等自然风景，也包含微观世界原子、分子、离子等奇妙的组织构架形态。

自然界中的植物花卉形态优美，一直是图案设计创作的素材来源。无论是中国汉代流行的茱萸纹样，还是西方20世纪初工艺美术运动时期的莫里斯纹样，我们都可以看到自然界优美的植物形态对于图案设计的直接影响。自然界的花卉植物赋予了秋冬服饰生命的活力与生机，基于各种花卉灵感形

成的服装面料图案将花卉与几何纹样或动物纹样结合塑造了视觉上的空间美感，同时也形成了花卉纹样设计变化的多元性（图2-1）。

中国传统图案纹样延绵流传的云纹、水纹，也是人类源于对自然素材的重新解读与创造而形成的。中国传统吉祥图案的代表"云纹"，经过历朝历代的发展演变与不断丰富，形成了云纹多层次、多色彩、立体化、细腻生动的发展变化，也成了中国古代代表性的，具有吉祥寓意的经典传统图案。

微观世界蕴藏了许多神秘、奇特的物质形态，在显微镜下我们可以观察各种物质内部结构的奇妙构成，一件常见物品的局部被放大后，可能就不再乏味和熟悉了，而会变得新颖，成为图案设计创作的灵感素材（图2-2、图2-3）。

2. 人造素材

这里的人造素材泛指生活中所有人造成果（作品）与形态，如城市中的高楼建筑、桥梁公路、车船飞机、家具器皿等，也包含了人类所创造的绘画等艺术方面的作品。

中国明清时期，织物图案出现一大特色：吉祥

图2-1　Moncler & Richard Quinn 2019秋冬女装花卉图案

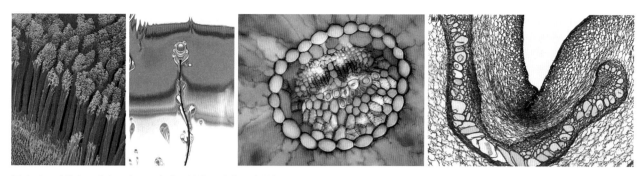

图2-2　（从左至右）昆虫、肥皂水、植物、人体器官的细胞图像

图2-3　根据微观世界细胞图像设计的面料图案

文字的运用增多。我们可以通过考证、例数当时福、禄、寿、喜等文字的丰富变化与百变运用，上百种该文字的造型图案具有强烈的装饰性，被广泛应用于皇家，乃至平民的服饰中。

伴随时代的发展与更替，服装已经由最初的遮体、实用等需求，发展成为代表个人审美、个人内涵、文化象征的标识。20世纪30年代，艾尔莎·夏帕瑞丽与著名艺术家萨尔瓦多·达利合作完成了"龙虾裙"和"眼泪裙"，充分体现了服装中超现实主义艺术风格的诠释与表达。另外，艾尔莎·夏帕瑞丽在20世纪30年代末设计的"Flag Dress"也成了那个时代独特的服装表现。如图2-4所示，艾尔莎·夏帕瑞丽把艺术变成时装，用时装诠释艺术，成为那个时代第一个掌握了"可穿戴艺术"的女性服装设计师。至今仍有很多设计师和服装品牌将绘画融入服装设计，或平面，或立体，或局部，或整体，绘画的语言形式自然、直观、巧妙地与服装款式融合，服装已完全超越了实用的基本功能与价值（图2-5）。

3. 纯形态素材

纯形态素材主要指构成形象的基本形态与要素，包括点、线、面和有规律与无规律的几何形体等。例如圆形、扇形、多边形、星形、偶然、抽象形等。宋代的《营造法式》里记载了中国古代具有几何结构的琐文图案，丰富的几何形状变化作为装饰主题，不但影响了宋元时期的建筑装饰图案，同时也深深地影响了当时的服饰织物图案。

在现代生活中，我们也可以看到抽象几何图案成为服装图案另一创作主题的灵感素材，被广泛应用与变化在不同类型、不同性别、不同着装场合的服装中（图2-6、图2-7）。

4. 地域民族素材

民俗文化包括了一个民族的生产、衣、食、住、行、婚姻、家庭、宗教、语言、文字，艺术、文学等物质与精神方面的文化因子。注重收集不同素材在不同地域、不同民俗中内涵的变化，是收集服装图案素材的重要方面。

图 2-4　艾尔莎·夏帕瑞丽设计的"龙虾裙"　　图 2-5　Moschino2020 年春夏高级成衣用立体主义风格绘画表达服装图案

图 2-6　Moschino2019 年春夏高级成衣　　图 2-7　三宅一生 2020 秋冬高级成衣

中国作为多民族国家，不同地域的民族呈现出多元的文化面貌，尤其在图案的创造与塑造方面，带有强烈的地域特征和民族色彩。例如苗族的服装刺绣图案体现了苗族妇女的价值认同以及对美好生活的追求。还有绮丽多姿、精美繁复的苗族蜡染图案，既有近于写实的具象图案，又有概括提炼的抽象图案，还有纯几何形图案等。所有图案都按照特定的程式化结构特征设计，所运用的图案素材母题包含了地域民族的图腾崇拜，充分展示了少数民族妇女热爱生活，充满想象力和高度概括力的图案塑造能力。

二、服装图案设计构思的思维方法

服装图案的设计构思与思维密不可分，服装图案设计的思维方式是以独特的方法解决设计问题的思维方式，它迥异于一般的思维活动，有时需要打破常规，并将素材元素进行重组或再创；有时需要回归生活，搜索、捕捉并汇总成最适宜、最有效的设计构思。可见，服装图案设计的思维方式是多样的，或感性，或理性；或逆向，或非逻辑性；善于运用创意的思维方式设计图案，将增加服装图案的设计感与感染力。

1. 发散思维

发散思维方式是一种具有探索性、想象性的思维方式。它不受任何框架限制，围绕一个主题，四面八方展开想象、假设，寻求多个解决方案，并将其重组创造出更新的构思设计方案。发散思维方式可以满足我们服装图案设计的创意性要求，有效结合服装母体形成有效性、针对性、独特性的图案设计方案。

由于发散思维方式是一种从同一材料中探索不同答案的思维方式。其为图案构思的创造性思考提供了条件。因此，在图案构思工作开始之前，把握服装图案设计的主题要求是构思的前提条件，认真阅读并分析设计的要求是设计成败的关键。然后，

充分利用"Mind map"（思维网图）形式来详细记录。记录这个思维过程的方式十分重要，把最初的主题或想法写在中心，围绕中心主题的假设和想象由内向外扩展，并用网连接在一起，这就构成了发散思维最重要的"Mind map"。这一环节可以充分打开设计者的创意思路，形成丰富的、多元的、广泛的思维脉络。从"Mind map"中挑选想要设计运用的关键词，根据这些关键词寻找灵感素材图片，这些素材可以源自摄影、绘画、电影、建筑等不同领域。最后，这些素材经过设计师从题材、造型、工艺或色彩等不同角度结构重组，创造出全新的图案设计方案（图2-8）。

关于"圆"的发散思维

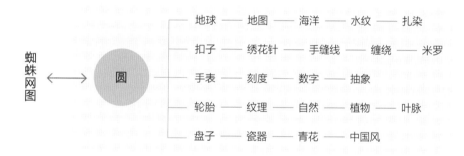

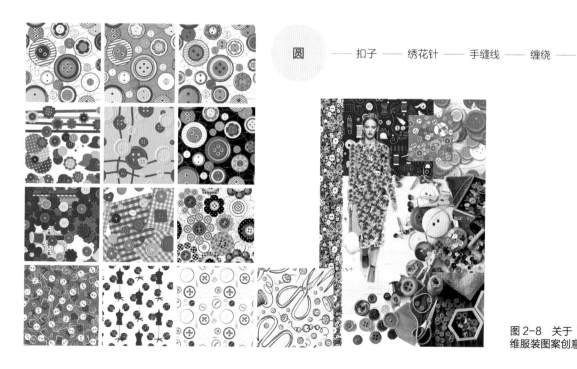

图 2-8　关于"圆"的发散思维服装图案创意设计

2. 联想思维

服装图案设计要有创意必定离不开设计师创造性的联想。它是创意、创新的关键，是形成设计思维的基础。联想思维是指由一个事物联想到另一个事物的心理过程。如我们看到蝴蝶就会联想到植物花叶（图2-9）。这些都充分体现了联想思维之间的两个事物具有较强的关联性，而这种"关联性"是两个事物间的"桥梁"和"纽带"。通过这种"关联性"可以找到两个事物间或多个事物间的联系，需找到图案设计的灵感与元素。

服装图案设计的联想思维可分为虚实联想、接近联想、类似联想、对比联想和因果联想等。例如，"红豆"象征"相思"，红豆为具体的有形事物，而相思则是一个代表情绪的抽象词语，没有具体的形态，因此，虚实联想是由无形事物和有形实物关联构成。再如，因果联想，是指事物之间有因果关系，我们想起原因，就会联想到结果；而想到结果，也会联想到原因。服装图案设计创意思维中的因果联想是非常重要的，如家居服的图案设计、童装的图案设计等在创意构思过程中，以不同类型的家居服需求，不同年龄阶段童装的设计需要，合理有效地选择与之相匹配的图案风格与图案主题。

3. 逆向思维

针对服装图案的饰体性、审美性、装饰性等特征要求，有时需要独特的构思途径，创意思维中逆向思维的方式能推陈出新，从而有效打破传统的设计要求，追求与实现服装图案视觉的新感受。

逆向思维也叫求异思维，它是对司空见惯的似乎已成定论的事物或观点反过来思考的一种思维方式。当大家都朝着一个固定的思维方向思考问题时，而你却独自朝相反的方向思索，这样的思维方式就叫逆向思维。

逆向思维具有普遍性的特征，在各个领域、各种活动中都有适用性，如性质上对立两极的转换：软与硬、高与低等；结构、位置上的互换、颠倒：上与下、左与右等；过程上的逆转：气态变液态或液态变气态、电转为磁或磁转为电等。逆向思维具有批判性的特征，无论哪种方式，只要从一个方面想到与之对立的另一方面，都是逆向思维。逆向思维是对传统、惯例、常识的逆向思维反叛，是对常规的挑战。逆向思维具有新颖性的特征，往往会出人意料，给人耳目一新之感。因此，当你感觉无法解决一个问题时，尝试考虑相反的一面。在服装图案设计中的设计都具有逆向思维原理的特征。

逆向思维分为反转型逆向、转换型逆向和缺点逆向。反转型逆向是指从已知事物的相反方向进行思考，产生发明构思的途径。可从功能、结构、因果关系三个方面进行反向思维（图2-10）。

转换型逆向是指在研究某一问题时，由于解决该问题的手段受阻，而转换成另一种手段，或转换思考角度，以使问题顺利解决的思维方法。如图2-11所示，针对线形图案的创意设计巧妙地转化。使用刀叉为图案符号，并以多变的排列形式表现视觉上的变化之美。

缺点逆向是一种利用事物的缺点，将缺点变为可利用的东西，化被动为主动，化不利为有利的思维发明方法。如图2-12所示，左图设计是以现实美化的形式表达；右图设计则侧重以破败、凋零之美来诠释荷花之意境，运用了缺点逆向进行图案创意设计。

4. 灵感思维

长期思考的问题，受到某些事物的启发，忽然得到解决，这种心理过程，称为灵感思维。因此，灵感思维是凭借直觉而进行的快速、顿悟性的思

图2-9 蝴蝶——联想思维服装图案创意设计

图 2-10 流动的时钟——逆向思维服装图案创意设计

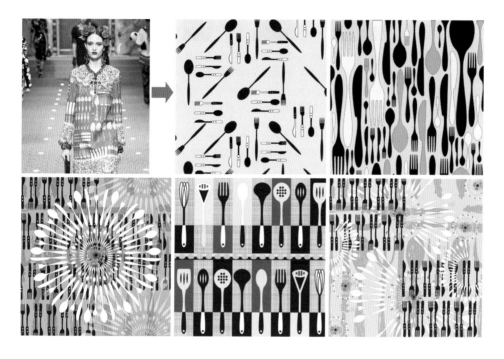

图 2-11 刀叉创意抽象图案——转换型逆向思维服装图案创意设计

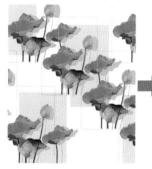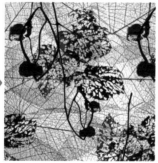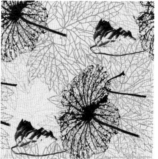

图 2-12 （左图）荷花图案；（右图）残荷图案——缺点型逆向思维服装图案创意设计

维。它不是一种简单逻辑或非逻辑的单向思维运动，而是一种潜意识与显意识之间相互作用、相互贯通的理性思维认识的整体性创造过程。

比如，设计师因为一次生病拍摄了X光片，X光片上人体的肋骨清晰可见，肋骨是人体的支撑，是人行动站立的核心，就好像支撑服装造型和款式细节的结构线、分割线一样，于是设计师借助X光片这一元素，表达服装的造型和结构分割，服用材料和非服用材料的结合，由医学到服装的跨越，体现了灵感思维创意将表面上看起来完全不相干的两

图 2-13　高田三贤秀场案
例——虎纹图案

件事情沟通起来，并进行类比、联想、辩证升华而获得结果。所谓"他山之石，可以攻玉"，灵感思维就是这样，是在没有遵循常规逻辑过程中所形成的独特创造。

　　一般来说，我们可以借助自由遐想、另辟蹊径、触类旁通、原型启示等方法实现灵感思维的创造。自由遐想是放弃僵化的、保守的思维习惯，围绕主题，依据自身已有的知识信息和经验进行自由重组，并经过多次推敲最终形成解决方案，完成主题创意课题。另辟新径是转移并形成与原来思路相异的灵感思维方法。触类旁通是把表面上看起来完全不相干的两件事情沟通起来，进行内在功能或机制上的类比分析。

　　对于动物图案的创意设计多从动态、纹理、特征等角度去寻求创意点，其采用灵感思维的创意设计方法，将绘画的形式语言融入动物图案的创意中，放弃了原有动物图案的固定思维，通过自由组合与意向表现，赋予了图案重组与变化的多元性（图2-13）。

第二节　服装图案的设计方法

　　服装图案的设计是将选取的素材对象，结合形式美法则进行有效分析、归纳、组合、再设计，融入了设计者的主观情感、设计风格与艺术创造。在设计过程中合理、巧妙地运用设计方法可以有效实现服装图案从创意构思、图形表达到图案运用的设计全过程。

一、化简法

　　化简法是对图案素材的高度概括与提炼，通过对图案素材对象的分析与梳理，采取有效的取舍与省略，突出素材对象的特质与核心，从而使图案视觉形态更典型，更集中，更鲜明。

　　服装图案设计的化简法可以在外形轮廓上删繁就简，强调对象的最主要特征；可以在光影、层次上尽量压缩，使其趋于平面化；也可以以无代有，以少胜多（图2-14）。

　　其具体方法有：

　　其一，外形概括式：主要强化素材对象的外部轮廓变化，突出强调对象的外部轮廓特征，省略素材对象的内在细节，从素材对象外部特征的最佳呈现角度，提炼与概括出对象的本质特征，图案造型

图 2-14　热带植物的面料图案设计——化简法

图 2-15　蝴蝶纹面料图案设计——装饰法

呈现单纯而明确的视觉效果。我国少数民族服饰中的蓝印花布、蜡染图案大多以这种方式呈现图案。

其二，线面归纳式：运用线、面造型语言对素材对象进行概括、化简，着重突出对象的结构与轮廓、纹理与光影的变化，简化或省去对象细节层次，概括表现物体的结构轮廓或光影，以线条勾勒或留白的方式表达设计图案。

其三，条理归纳式：对素材对象所呈现的规律、特征，进行条理性、秩序性的统一与强化。

二、夸张法

服装图案设计为了显现创意，增强图案视觉效果，常使用夸张法设计图案。夸张法就是用夸大、突出和强调等途径塑造素材对象的特征，对原有素材形态进行较大幅度的改变，使对象特征明显，形象更具艺术感染力。

夸张法常可以使用局部夸张或整体夸张的方式；也可以采取侧重形态的动态夸张，或是侧重神态的抽象夸张等。但无论怎么夸张，都应该以对象的本质特征为前提，并注意"度"的把握。

三、装饰法

装饰法是对素材对象的美化，以加法的方式完善和丰富，对简化外形后的图案增加审美性和趣味性。服装图案的装饰法可以采取肌理式装饰和联想式装饰两种方法（图2-15）。

肌理式装饰是以素材对象本身纹理特征为依据，以点、线、面等造型语言对素材及对象纹理进行装饰。运用时，特别注意点、线、面的疏密、大小、曲直、缓急等，并要达到有机统一、整体谐调。

联想式装饰是将原对象联想成有相似成分的另一对象，并将联想到的对象转化成装饰纹饰，添加到原对象中。在服装图案设计中，联想式装饰把生活中见到的对象物化为一个有意味的、个性的艺术形象，真正体验从客观转向主观，将原有形态联想成自己内心独白的一种真实语言，富有极强的跳跃感和艺术情趣。

图2-16 植物花卉类面料图案设计——抽象法

四、抽象法

抽象法是在把握素材对象形与神的基础上，将

对象抽象成圆、角、方等几何形态。抽象出的几何图案简洁、明朗、严谨、规律，视觉冲击力强，常被运用在服装图案设计中（图2-16）。

第三节　服装图案的造型方法

服装图案的设计方法是将图案素材对象进行创意性的设计变化，是把素材对象从自然形态到设计形态的重塑表现。然而，一方面，服装图案设计通常还需思考图案内容与图案形式之间的丰富性、多样性和灵活性；另一方面，在众多服装图案的设计案例中，我们会发现经过设计的图案形态还需进行造型的组合再设计，才能形成更具形式美感，更符合服装设计需求的图案设计方案。因此，服装图案的造型是服装图案设计的另一重要方面。

服装图案的造型方法有平面式造型、透叠式造型、重复式造型、巧合式造型等七种方法。

一、平面式造型

平面式造型是指图案造型中淡化三维空间下的透视形态，图案的结构、体积、构图均呈现平面化处理，是将复杂形态平面化。图案对象呈前后、主次、虚实的平面空间布局（图2-17）。

二、透叠式造型

在图案内容较为丰富、较为多元的情况下，图案的造型要着重显现图案内容间的关联性。因此，透叠式造型能有效实现图案内容的紧密性、关联性要求，也能有效保持图案内容各对象的完整性，有效体现图案的层次感与丰富性（图2-18）。

透叠式图案的造型通常采用结构叠加、色彩叠加等方法，使图案具有极强的装饰性效果。结构叠加是保留原有图案的用色，仅通过图形之间的结构叠加显现丰富性与层次感；色彩叠加的透叠式造型通过色彩的重叠形成丰富的空间感，重叠部分的颜色调和了原有图形之间的色彩，产生色彩语境的空间转换，可有效烘托和营造图案的主题意境（图2-19）。

三、重复式造型

同一图案内容或多个图案内容以穿插、连续、

图 2-17　植物类面料图案设计——平面式造型

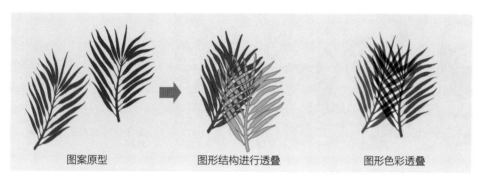

图案原型　　　　图形结构进行透叠　　　　图形色彩透叠

图 2-18　透叠式造型图解分析

图 2-19　透叠式造型图案范例

相互倒置等形式重复，可以使图案造型视觉感鲜明，图案更加饱满，产生节奏与韵律形式美的造型效果，重复中形成秩序，连续中产生动感。

　　重复式图案造型因为素材元素的多元化，穿插、连续的重复形式的丰富变化性更能满足服装设计表现的主题需求（图2-20）。

四、适形式造型

　　适形式图案造型通过呼应性、互补性的融合设计，使图案素材间形成互为因果、交融关联的图案主题设计。此类图案造型设计，图案内容中通常有A、B两种不同对象形成围合式的互补造型，或是

图 2-20　重复式造型图案
范例

图 2-21　适形式造型图案
范例

A的变化去适应B的形态，或是B的变化去适应A的
形态，以形成图案主题内容的主次关系与有效呼应
（图2-21）。

五、巧合式造型

巧合能形成更为丰富的趣味感，可以打开四维
空间，促使设计者展开丰富的想象力和创造力。自
然界和生活中不乏大量的巧合启发，借助这种方式
在服装图案的设计过程中可以通过巧妙而趣味的组
合去进行创意设计（图2-22）。

巧合法就是利用奇巧的构思把两种物像巧妙地
组合表现在一个图案中，形成耳目一新的视觉效
果。巧合式造型能够呈现出图案内容的趣味性和特

殊性，形成一种偶发性的关联，将相同或不同的图
案素材内容组合，或是形成底纹与主纹间的巧合造
型，或是呈现主纹与主纹间的整体或部分巧合造

图 2-22　生活中的巧合景象

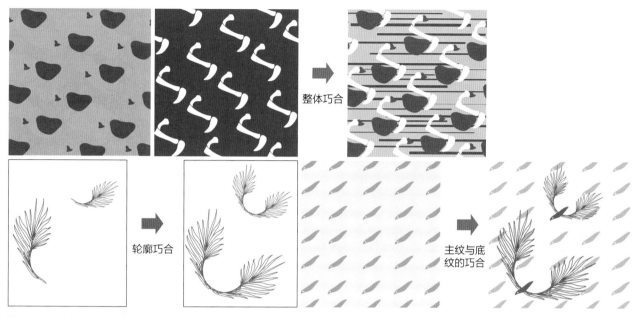

图 2-23　巧合式造型图案范例

图 2-24　渐变式造型图案范例

图 2-25　中国传统吉祥图案

型，或是形成纹样共边缘轮廓的巧合，最终构造出独特的图案视觉效果（图2-23）。

六、渐变式造型

渐变式造型是对图案内容的渐变式转化。可以把图案内容从自然形象向装饰形象逐渐转化，也可以把图案内容从写实形态向写意形态逐渐转化，或是把图案由一种内容形态逐渐转化成另一种内容形态，渐变过程中，图案内容呈现自然、巧妙的融合与衔接（图2-24）。

七、组合式造型

组合式造型是把图案内容中互不关联的形态对象，人为的组合、布局，从而形成具有内容丰富性、组织感的图案造型。中国民间服饰文化中常见的吉祥图案经常采用这种组合式造型，把带有吉祥寓意的图案内容组合在一起，使图案更加丰富，更具情趣，如凤穿牡丹纹、海水江崖纹等（图2-25）。传统的蝶恋花图案就是巧妙地将花与蝴蝶组合，寓意美好幸福，传递美满爱情的图案（图2-26）。佩兹利图案也是将花卉与植物，或者结合纹饰组合，创造出富有层次与变化的图案纹样，正是因为其组合元素的多元变化与丰富性，使得传统的佩兹利图案一直流行、经久不衰（图2-27）。

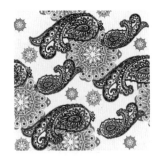

图 2-26　蝶恋花图案　　　　图 2-27　佩兹利图案

第四节　服装图案的设计原则

服装本身除了遮身护体、御寒避暑等实用功能，其色彩、款式、图案、面料及工艺也满足了人们对美的追求。随着时代的发展与进步、技术的变革与更新，人们对服装提出了功能、美体、材料、技术、效益等多元要求。服装图案作为服装要素之一也需从适用、饰体、工艺、材料等方面把握设计原则。

一、美感与饰体

服装是人们呈现美、展示美的载体，因而对于服装图案而言基于审美性要求，应呈现形之美、色之美、意之美，美感是服装图案设计过程中应遵循的首要原则。纵观人类织绣、染织图案的发展历史与演变，人类对美的追求形成了服装图案形式美的法则，如对称与均衡、对比与调和、节奏与韵律等。服装图案所形成的均衡之美、节奏之韵，以及对比产生的艺术效果，都有效丰富了服装的审美。另一层面，图案作为服装的要素之一，必须依据人体结构和行动规律，符合服装的结构，符合服饰品的结构和风格等特点，体现饰体的原则。

美感与饰体作为服装图案设计的原则之一，在设计过程中还应避免烦琐的堆砌、造作的堆饰，过分的堆砌与装饰会破坏图案本身的美感，影响服装饰体的审美效果。同时，我们还应结合消费者的审美需求，图案素材的选择和图案装饰手法的确定都应针对不同消费对象的心理而定。

二、实用与效益

实用即适用。对于服装来说，实用体现的是适时合体，穿着自如。对于服装图案来说，实用体现的是在设计中适应服装，符合人体，满足舒适与适时。服装图案的实用原则不仅体现于图案的图形样式与风格特征的适用，还体现于图案材料与图案工艺的适用。

效益指的是生产与销售过程中所产生的经济效益。服饰图案的应用必须遵循经济效益原则。由于图案原材料、图案工序的高低与繁简存在差异，造成成本不一，加之服装款式等多元因素，形成了服装档次的明显差异；另外，考虑到消费者经济能力的差异性，在确定设计方案时必须与成本核算挂钩。这决定了原材料的选取，生产制作工序，及其他加工环节，因此，在服装图案应用过程中务必考虑效益，了解服装成品的档次定位、成本核算，不能盲目设计。

作为设计者，应根据不同档次、等级服装进行设计，不做浪费材料、人工而增加成本的烦琐设计，制作方案的选择也需符合经济效益的原则，合理计划图案加工，合理使用制作图案的材料。

三、工艺与材料

服装图案的设计还需遵循合理运用工艺、有效使用材料的原则。

合理、精湛的工艺能有效地表现图案设计，各种工艺手法均有不同的特性，服装图案配合使用有效的工艺，既能展图案之美感，又能显工艺之魅力，各显其长，互为关联。作为设计者须熟知服装图案相关工艺的特性知识，充分发挥工艺优势，呈现图案设计之感。

伴随时代技术发展，现代服装设计对于材料的运用也更为多元，因而，服装图案设计更应关注材料的发展与多元使用，注重多种材料的应用，合理有效地使用材料，巧妙应用于服装与图案设计中。

总之，服装图案为服装设计中的一个重要组成部分，它的产生与发展永远离不开服装设计的创新与发展，二者相依相存。现代服装图案设计更应注重时代性、审美性、科技性等多元领域，遵循美感与饰体、实用与效益、工艺与材料等设计原则。

课前训练
- **训练内容：**
  1. 教师、学生分别准备图案设计的创意图和创意演变图案例，讲解其构思过程。
  2. 教师、学生分别整理图案造型表现的设计作品案例，并结合图例具体分析。
- **训练注意事项：**
  1. 注意寻找和搜集的案例应具备典型性、鲜明性的要求，为本章节图案的创意思维训练、图案设计方法、图案造型方法的学习打下基础、做好铺垫。
  2. 学生搜集学习素材时，建议以小组形式，小组同学合作讨论，自由发表意见，教师积极引导。
- **训练要求：**
  1. 学生从创意思维的角度评述与分析，图案设计案例的思维方法和设计方法。
  2. 图案的造型方法是图案设计表现的核心，通过具体实例解读图案的造型方法，培养学生从客观到主观创造的图案设计能力。
- **训练目标：**
  通过案例分析讲解，使学生初步理解图案设计构思过程中创意思维方法的重要性；初步了解图案的创意设计表达需要巧妙地运用和结合图案的设计方法、造型方式。

课后实践训练
- **训练内容：**
  1. 运用服装图案的设计方法，如化简法、夸张法、装饰法、抽象法，结合形式美法则，完成适合图案的设计创作。
  2. 综合本章学习内容，完成面料图案创意设计。

实践训练

第3章
服装图案的色彩表达

本章要点

- 了解并学会运用色彩规律。
- 掌握服装图案配色的常用设计方法。
- 知晓流行色的概念、变化规律及如何将流行色运用到具体图案中去。

PPT 课件

本章引言

　　色彩可以给人以不同的感受和情绪，所以颜色搭配在视觉设计中是非常重要的部分。在设计中，没有比色彩的运用来得更主观或更重要的元素了。在服装设计中，色彩是通过不同材质的面料体现出来的，因此色彩与面料密不可分。图案又是面料构成中不可或缺的一部分，是影响服装色彩效果的重要因素。

　　图案的色彩和表现技法，因装饰与实现工艺的需要，有一定的规律，是图案组成的重要部分。色彩是直接影响图案设计成败的要素之一。色彩运用的巧妙可以充分体现图案的丰富多彩和装饰魅力，把握这些规律需要一定的理论知识，并进行大量的实践训练，以提升图案配色的创造力和表现力。本章通过对色彩基本规律的梳理，对常用配色方法的分析，明确图案配色的基本形式。

第一节　图案色彩配色的基本原理

色彩是影响图案效果的重要因素之一，色彩能够深层次表达人类的情感和理想，人类的审美情感可以通过色彩表达的更细腻、更丰富。

一、图案色彩的色调

1. 以调和为主，处理好统一与变化的关系

图案色彩在配置上的总体原则是对比与调和，对比与调和是一对矛盾统一体，经过调整重新组合，把存在差异的色彩关系调和成和谐而具有美感的统一体。处理好图案色彩的主体纹样、陪衬纹样和底纹三个层次的色彩关系，是图案配色设计成功与否的关键。

2. 图案色彩搭配色调的形成

我们把画面色彩的总体倾向和基调称为色调，通俗地讲，是指统辖整个画面的主要色彩。图案色彩要有主次之分，没有主次就没有主调，没有主调就没有凝聚力，画面会显零乱，失去整体感。另外，画面的情感氛围也需要主色调来反应。主色调在画面中起主导作用，图案色彩搭配要平衡各色彩在画面中的强弱、面积、位置等方面的关系。首先，色彩不能平均使用，应有主次、大小、疏密；其次，色彩不能孤立使用，应相互借用，交叉渗透。

色调是由影响画面全局的大面积色彩来决定的，如底色的面积大，整个色调就由底色的色相所统辖。因此，在底色确定之后，所配置的其他色彩都要服从底色，形成以底色为主的画面色彩主调。如底色的面积小，图案的主体纹样很满，就要根据主题纹样的色彩来决定色调。其他色彩要服从主题纹样的色彩，起陪衬、烘托作用，形成明确的色彩主调。以服从一个基本色为原则，把画面中所需配置的各色有机地组织在一个统一的整体内。

图案色调的类型，从明度上分有亮调、暗调和中间调；从色相上分有冷、暖色调；从纯度上分有艳调和灰调；从色相上分有红、黄、蓝等多种色调。这些色调的处理，一般情况下由底色来决定，底色的变化会引起纹样色彩的变化。深色的底色种类较少，其色调的变化也少，从而显得单调；中性色、浅色的底色是由色彩混合而成的，其变化较多，色调也更丰富（图3-1）。

二、图案色彩的层次

所有的视觉现象，基本都是由色彩及其明度的区别造成的。我们能看到物体的形态、形状等特征，是因为眼睛具有区分不同明度和颜色的能力。明度对比强烈与否最终决定色彩是醒目还是模糊。所以在色彩构成中，想要突出色彩的形态，就必须

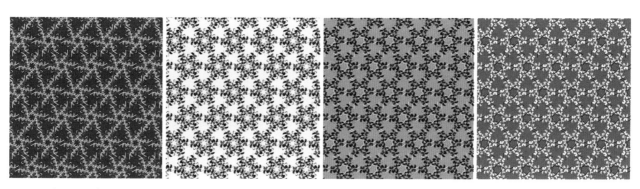

图 3-1　相同的图案不同的配色效果

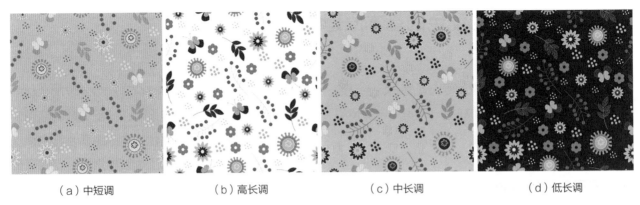

（a）中短调　　　　　　　（b）高长调　　　　　　　（c）中长调　　　　　　　（d）低长调

图3-2　不同的明暗调性产生不同的效果

与周围的色彩有强烈的明度差。相反，想要削弱一个形态的影响，就要减少它与周围色彩的明度差。

　　明度是色彩的骨骼，不仅黑白灰有明度，有彩色也有明度，且不同色相的明度不同。明度高低是决定图案色彩层次区分的重要属性。在配色中必须掌握好底色与纹样、纹样与纹样之间的明度对比关系，正确处理好图案色彩的层次对比关系，才能达到层次清楚、协调统一、具有美感的图案效果。通常情况下会依据底色的色调，确定纹样色彩的层次安排与主次搭配，最后根据整体色彩的需要添加点缀色彩，如底色的明度比较弱，主题纹样的色彩明度就要高，陪衬纹样的色彩则选用底色与主体纹样之间的明度，这样三者之间有层次区别，又互相联系，过渡自然，整体统一。

　　按照蒙赛尔色立体的明度11级关系，将明度不同的级差按三级一个调子分为高调、中调、低调。高明度明亮、轻盈、清新柔软；中明度朴素、中庸；低明度厚重、沉稳。所有的长调都属于强对

比效果，中调属于中对比效果，短调属于弱对比或无对比效果（图3-2）。

　　另外有些图案的颜色表现得过分朴素，或过分华丽、过分年轻、过分热烈，这一切都是在颜色的处理上因纯度过强或过弱而产生的。高纯度色有显眼的华丽感，低纯度色涩滞而不活泼，色相不鲜明，运用在图案上显得朴素，沉静，这时选择高档面料会使低纯度颜色显得高雅、沉着。当然，不能只感受单一的色彩效果，而要掌握住不同纯度之间的配色效果。

　　不管是以哪种属性为主进行配色，都不能脱离另外两个属性的调节，否则配色很容易失败。

　　图案的色彩设计既要遵循色彩的使用规律和原则，又要根据设计意向灵活运用、大胆尝试，既要考虑科学的搭配，也要注意精神价值的体现；既要把握好运用多种色彩和不同色调来取得良好的色彩效果，也要善于运用少量色彩，最终达到色彩变化丰富，整体色调统一的图案色彩效果。

第二节　服装图案的色彩搭配

一、常用配色方式（色相环配色）

　　三属性是色彩的主要特征，无论采用哪一种属性为主进行颜色搭配，都不可能丢掉另外两个属

性，否则配色就容易失败。

　　图案色彩是组合色彩，相互之间的搭配是非常重要的。总体来说色彩之间的关系有两种：一种是调和、和谐；另一种是对立、对抗。

单独一种色彩并不存在美与不美的问题，红、橙、黄、绿、青、蓝、紫各有各的特点。只有两种或两种以上色彩组合搭配在一起时，才会有美与不美的评价。单一的色彩使用在服装图案的设计中也会经常出现，配色方式相对简单，可以与服装底色形成对比，使花型更加突出和立体（图3-3）。

二色配色是最常用的配色方式，它比单色配色使用面更广，配色方法更多。为了在配色的时候有据可循，我们可以依据色彩的三属性围绕色相环来进行搭配。

二、同种色配色

同种色的配色是指一个颜色不同明度、不同纯度的组合。如青配天蓝，墨绿配浅绿，咖啡配米色，深红配浅红等，同类色配合的服装显得柔和、文静。由于色相高度统一，色调感很强。该搭配方法是所有服装配色技巧中，最简单容易的。但若处理不当也会显得单调、乏味。所以，要加强明度、纯度对比，使统一中有变化（图3-4）。同时应通过服装材料质感的对比变化来增加整体的丰富性。如上衣为针织材料，裙子为皮革材料。

图 3-3 单一色彩的图案

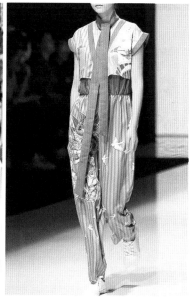

图 3-4 同种色配色的图案

三、类似色配色

类似色是指补色色相环上相距45°范围的色彩。这类配色之间有较多共同色彩成分，如蓝与绿、蓝与紫、红与橙、橙与黄等。色与色的亲和力很强，容易形成色调。这种色彩组合比同种色富于变化，但仍需加强明度、纯度对比。类似色组合颜色间的差别要足够大，颜色之间的使用面积尽量均衡，如果类似色的一种颜色面积过小，会有同一种色相的错觉。邻近色组合容易求得柔和、亲切的效果，使用不当则易沉闷。类似色组合是服装中使用率较高的配色类型，特别在日常服装中最多见（图3-5）。

四、中差色配色

在色相环上，相距90°左右的角度差的配色就是中差色配色，中差色配色属于中等对比，在视觉上给人以明确、活泼、明朗的效果。在组合时注意搭配方式方法，很容易达到较好的效果（图3-6）。

五、对比色配色

对比色是指补色色相环上相距120°～150°的色彩，是强对比色相关系，最典型的对比色是三原色，即红、黄、蓝，这种配色的特点是鲜明、强烈，具有生动、活跃、刺激的视觉效果，其中尤以

图 3-5 类似色配色的图案

图 3-6 中差色配色的图案

图 3-7　对比色配色的图案　　　　　　　　　　　　图 3-8　互补色配色的图案

三原色的对比最强烈，因为这三者之间没有共同的色彩成分，除此之外的对比色组都有一些内在联系，如紫色与橙色中都有红色，橙色与绿色中都有黄色（图3-7）。

红蓝搭配应用非常广泛，因为这两个颜色是典型的冷暖结合的颜色，有很强的对比性，会给人留下深刻印象。比如百度的Logo，百事可乐的Logo，公安局的警车，超人、蜘蛛侠等动漫形象，很多国家的国旗等。但这两种色彩对比容易让人视觉疲劳，心理亢进，所以不适用家居等静物配色。由于红蓝搭配冲击过于强烈，因此最常见的是采用白色作为调和色，最典型的就是百事可乐的Logo。鲜艳的对比色是运动装、运动便装的首选配色，它也适用于舞台表演服装配色。直接运用对比色会显得生硬，可以用黑、白及金、银色作为调节色以缓和冲突，增加明快感、丰富感，也可以用面积调节来增加调和感。

六、互补色配色

补色又称互补色，是色相环上相距180°两极相对的颜色。如红和绿、紫和黄、蓝和橙、黑和白。纯粹的补色之间没有共同的色彩成分，是最强的色相对比，不过因为补色能满足人的视觉生理平衡需要，所以，效果反而不像对比色那么生硬。补色的知觉特征是强烈、充实、富有动感。互补色搭配可以表现出一种力量、气势与活力，有非常强烈的视觉冲击力，而且也是非常现代时尚的搭配。

高纯度的补色配色适合运动装、运动便装、休闲装及某些特殊用途的工作服。补色是比较难用的配色，用得不当会有俗气、刺眼的感觉，用得巧妙则能打破常规，具有极强的感染力。配色调和的关键在于通过面积比例控制对比效果或加入黑、白、灰等调节色来调和色的对立感（图3-8）。

我们以最简单的方式来梳理色彩的关系，色彩是一个非常庞大的概念，人眼约能区分一千万种颜色，不过这只是一个估计，因为每个人看到的颜色也有少许不同，因此对颜色的区分是相当主观的。在实际配色中，色彩的关系是非常复杂的，尤其是服装图案色彩，会跟款式、面料、服装底色结合在一起，色彩的公式在处理一些日常成衣的设计时是非常有用的，但在设计一些色彩、花型、款式变化都非常丰富的服装时，是需要靠经验和感觉的。

第三节　服装图案与流行色

一、什么是流行色

流行色是一种社会客观现象，是各个社会历史阶段社会思潮的具体反映，是人们对色彩喜好、追求的视觉心理反应和视觉生理满足的形象表现。我国对流行色的研究起步于20世纪80年代初期。流行色涉及心理学、生理学、物理学、光学、社会学经济学、美学、工程学、逻辑学等领域，是一门边缘科学。

流行色的变化发展可以从色彩流行变化周期、色调流行期、流行范围三个方面进行研究和探索。流行色彩的变化有暖色—冷色—暖色的流行周期，一般为5~7年。在暖色、冷色互为转换的过程中，色彩的三属性（色相、明度、彩度）也同时在色调变化中延伸、变化。而色彩流行周期中的尖端色彩作为先导型色彩，其流行的周期为一年左右。色彩流行的范围一般由大城市向中等城市发展；由沿海发达地区向内陆地区流行。

流行色的出现受社会思潮、突发事件、政治因素等各方面影响。我们观察2020年春夏流行色，会发现它们不是以艳丽取胜的视觉风格，而是更具调和性，并带有某种空气感。这也源于人们长时间被纷乱的视觉洪流肆意冲刷后，能传递舒适感、轻松感的色彩更易得到广泛认同。

在潘通（PANTONE）发布的2020年春夏流行色彩报告中，包含了12大首选色彩和4种经典中性色彩。它们意在强调为传统与经典注入年轻化与现代化气息，彼此创造出趣意盎然的多彩组合，也可以传递更为乐观的色彩态度（图3-9）。此外，权威时尚趋势预测机构WGSN也发布了5款2020年春夏流行色：新薄荷绿、清水蓝、黑加仑紫、蜜瓜橙、古金黄。这些极具"空气感"的色调，将成为更符合当下时代精神需求的全新色彩趋势（图3-10）。

二、流行色在图案设计中的应用

在图案设计中，色彩是必不可少的重要视觉因素。在设计过程中，图案的造型能给人以直观的艺术感受，情感的表达主要依靠色彩来体现。相对于形状和构成，色彩进入人眼的速度是最快的。在任何艺术设计中色彩的比重都是非常大的。可以使人的心理产生不同的变化，得到美的享受。流行色更

图3-9　潘通（PANTONE）2020年春夏流行色彩

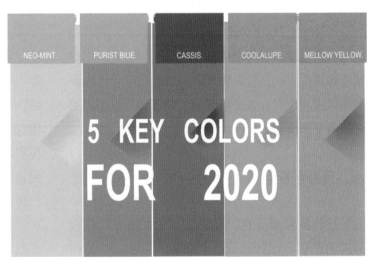

图3-10　WGSN的5款2020年春夏流行色

是时尚的风向标，在现代图案设计中同样占有重要地位。

1. 把握流行色与图案设计的同步性

颜色必须依附形状存在，没有形状，颜色就是无形之物，流行色所依附的形状也要有其特点并适合于流行色的依附。我们要善于鉴别和比较几年来色彩的变化，色彩整体感觉的偏向，色彩的相似处和不同处，针对廓形和细节去分析图案造型的变化，留意反复出现的因素，今年春季流行的色彩，明年可能还会延续，但我们要注意其延续色彩的变化要依附在造型变化的基础上，这样才能较全面的把握流行的特点，跟上流行的步伐。

2. 将流行色运用到合适的图案设计中

优美的图案可以成为服装设计的点睛之笔，同样，运用流行色进行的和谐的配色可把陈旧的图案变成新潮纹样（图3-11）。但是流行色的运用要跟图案设计的形式和内容紧密结合，如不假思索的把相对传统的图案与流行色结合则会带来一种不和谐的感觉。另外，很多颜色有较强的视觉冲击和情感倾向，在运用过程中更要选择适合的形状和内容。如红色，有较佳的视觉效果，常被用来传达积极向上的喜庆的寓意，但也有血腥、恐怖等象征，所以鲜艳的红色不宜设计成呈溅迹、斑痕形状的图案，否则会产生惊悚、恐怖的情感联想。

3. 处理好常用色的流行色之间的关系

人们在日常生活中习惯使用的色彩称作常用色。在色彩的使用当中，常用色占70%，流行色占30%。尤其是一些品牌服装的设计，流行色使用的比例会更少。流行色与常用色之间是互相补充的关系。设计的新鲜感需要靠流行色来体现，但会很快消失。常用色彩一旦形成，很难改变，因为常用色的形成与各地区宗教文化、种族、民俗、地理环境有关。在图案设计中既要合理运用流行色，也不能忽视常用色的运用。

在具体的图案配色设计中，需要多进行市场调研，根据调研结果，对不同地区、不同人群选择不同的常用色与流行色搭配使用。如在欧洲，人们的常用色为乳白色、米色、咖啡色等，所以，图案配色设计的产品要投向欧洲市场时，就要利用相关色彩，达到目标顾客的认同。另外，流行色与常用色也不是固定不变的，它们之间没有绝对的分界线。如果流行色的某些色种得到了普遍和长期的认同，便可以转变为常用色，同样，如果常用色长时间频频出现，也会使人产生厌倦而被排除在常用色之外。总之，图案色彩必须依赖于图案的造型而存在。流行色的应用必须与图案的造型相结合，图案色彩设计要服从图案的利益与主题思想，这样才能使千变万化的色彩关系灵活地服务于设计者。

图 3-11　流行色的注入为陈旧图案带来活力

课前训练

■ **训练内容：**

1. 教师、学生分别准备体现色彩配色基本原理的配色图例，讲解常用配色方法及形式。

2. 教师、学生分别整理图案色彩搭配的设计作品案例、色彩与图案主题结合的设计作品案例，并结合图例具体分析。

■ **训练注意事项：**

1. 注意寻找和搜集的案例应具备典型性、鲜明性的要求，为本章节图案的色彩表达训练、常用配色方法、图案色彩搭配方法的学习打下基础、做好铺垫。

2. 学生搜集学习素材时，建议以小组形式，小组同学合作讨论，自由发表意见，教师积极引导。

■ **训练要求：**

1. 学生从配色规律和常用配色手法的角度评述与分析色彩设计的思维方法和设计方法。

2. 图案的色彩表达是图案风格和主题设计表现的核心，通过具体实例解读图案的配色方法，培养学生利用配色技巧进行图案色彩搭配及表达的能力。

■ **训练目标：**

通过案例分析讲解，使学生理解色彩对图案风格及主题表现的重要性；初步了解图案色彩表达的技巧和形式。了解什么是流行色，流行色的使用方法及对图案配色的影响。

课后实践训练

■ **训练内容：**

1. 设计一组图案，用不同的配色方法进行配色练习。

2. 用流行色对陈旧图案进行重新着色练习。

实践训练

第4章

服装图案的风格

PPT 课件

本章要点

- 了解具象图案和抽象图案之间的形态特征区别。
- 了解传统图案和现代图案背后不同的文化背景、民族特征。
- 在图案设计时，会从具象物体、抽象几何形、民族文化、流行趋势中寻找素材。

本章引言

由于人类的地域、环境、文化、背景有所差异，图案也呈现出不同的民族化、个性化的风格，形成了不同的服饰图案的风格流派，民族、信仰、宗教、文化、社会、经济等意识形态都可以通过图案语言进行表达。

图案的风格流派是一步步从过去走向现在并延伸到未来的，休现了历史传统文化到现代文明的发展过程，是一个不断创新的过程，从这个方面可以将图案分为传统图案与现代图案。然而传统与现代只是相对的概念，并无严格的时间界定。

从辩证法的角度，黑格尔用抽象与具体的辩证关系看待世界中的万事万物，图案的设计方案也可通过具象与抽象来进行概括。具象图案是具有具体形象的图案的总称；抽象图案是用抽象的元素作为图案的载体进行表现。

本章将从具象图案和抽象图案，传统图案与现代图案这两种辩证的角度来阐述图案的风格流派。

第一节 具象图案

具象图案是以自然界中具体物体的形态作为载体，用一定的手法将这些物象进行艺术加工处理，进行取舍概括，归纳总结，而形成的某种纹样。具象图案的设计需摆脱纯自然的束缚，用归纳手法来获取自然形态，使其具有图案的美感。具象图案是相对抽象图案而形成，是图案的一种表现手法，也可看作是一种艺术风格。

具象图案可分为花草树木类植物图案、飞禽走兽类动物图案、房屋建筑类图案、人物类图案、风景类图案等。下面将介绍各种具象图案的特点。

一、植物图案

植物图案来源于自然界中的花草树木，要深入到自然中去，观察研究各种植物的生长特点，如花苞、花蕊、叶瓣、根茎的生长特征，注意观察提炼物象的外形特点，外轮廓能很好地表现物象的特征，也与纹样的组织有密切关系。有的物象形态丰满，展现了面的美感，如牡丹、玫瑰；有的形态流畅，体现出线条的优雅，如柳条、藤蔓；有的形态小巧精致，如风铃花；有的形态壮硕，如向日葵。同时还要抓物象的结构和表面纹理，如花蕊的形态、茎脉的纹理，叶子从嫩芽到绿叶、从小到大的

韵律，藤蔓弯曲的优美律动。然后将复杂的脉络纹理规整，强化对称的结构，整理杂乱的枝干，也可运用移花接木的方式，将形态完美的花枝叶组织在一起，这样就能形成一幅图案作品了（图4-1）。

二、动物图案

与植物形态相比，动物形态要复杂许多，动态变化也更加丰富，动物与人类一样具有不同的生活习性和性格特点，在动物观察中要研究各类动物的解剖结构、皮毛肌理、动态特点、性格特征，感受动物的生命力和活力。有些动物外形上很相似，如鸡、鸭、鹅，它们的不同点主要在头部、颈部。有些动物主要区别在体型上，如狮子、豹子，狮子比较壮硕，豹子比较苗条。有些动物没有复杂的结构和形态，却有绚丽的皮毛色彩，如热带鱼、鹦鹉等。有些动物没有鲜艳的毛色，却有独特的皮肤肌理，如鳄鱼、刺猬、犀牛等。不同类别的动物除了常规的动态，还有自身特有的动态特点，如豹子奔跑速度快，猴子攀爬灵活，螃蟹只能横着爬行等。动物的性格也多种多样，有凶猛的老虎、狡猾的狐狸、聪明的猴子、憨厚的熊猫、倔强的牛、温顺的羊等。所有以上介绍的这些动物的特点，都可以运

图4-1 植物图案

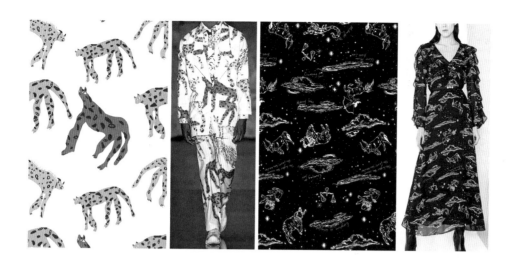

图 4-2　动物图案

图 4-3　建筑图案

用不同的线条、形状等视觉元素进行表达，进而构成一幅动物图案作品（图4-2）。

三、建筑图案

中国的古典建筑多以中轴线对称布局，层次分明，主体突出；青山、绿水、白墙、黛瓦是徽派建筑的主要特征。群房一体，独具一格的马头墙，采用高墙封闭，马头翘角，墙面和马头高低进退，错落有致，在质朴中透着清秀。罗马式建筑多使用石头屋顶和圆拱，并用复杂的骨架结构来建筑拱顶。哥特式建筑的主要特点是匀称的结构和美观的外形，正面的尖塔使整个建筑高耸而富有空间感，再结合镶嵌有彩色玻璃的长窗，使教堂内产生一种浓厚的宗教氛围。抓住不同建筑的特点进行概括，提炼其轮廓特点、色彩特点进行表达，便构成一幅建筑图案作品（图4-3）。

四、人物图案

人物图案有多种表现形式：第一种是直接将人物头像或动态进行表现；第二种是将外形进行归纳、简化，追求外形的单纯、简洁；第三种是将人物的各部分进行夸大、缩小、拉长、减瘦，增加人物各部分的对比，使人物特点更鲜明；第四种是通过夸张人物的动态，对人物的动态、神韵进行处理，体现人物的心理特征；第五种是利用卡通人物进行图案表现（图4-4）。

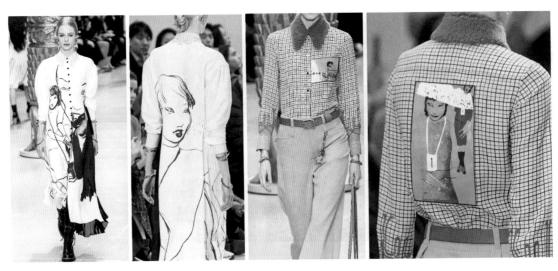

图 4-4　人物图案

图 4-5　风景图案

五、风景图案

风景图案涉及的内容非常广泛，既有祖国的名山大川、江河湖海、亭台楼阁，又有世界各国的风景名胜。大多数风景图案由树木、山水或建筑构成，再添加一些动物、人物来进行衬托。在图案设计时首先构建不同风格的树形图案、山水图案、建筑图案，然后把这些图案相结合，也可以增加人物、动物到图案里，使图案更加生动，更有趣味，

意境更深远。在画面构成时，注意各元素应协调统一，不能硬性搭配不相关的景物，应使整个图形更完整（图4-5）。

具象图案是以自然界中具体物象的形态作为依据，将事物的形态、结构，所包含的寓意等元素按照形式美的法则与创作者的理念相结合的图案表现形式，是客观认识与主观理念相结合，内在情感与外在表现相结合的作品。

第二节　抽象图案

抽象是相对具象而言的，抽象可以是对具象物体的一种高度概括，或者是从具象物体中提取某部分特征而形成的。前面介绍的植物、动物、建筑、人物、风景等具体事物的形都是由点、线、面等几何化特征抽象而成的。图形的抽象化极易造成观者纯形式的想象。抽象的点、线、面，撇开了形象的语言，更能单纯的体现纯形式的造型和装饰形态，是许多艺术家钟爱的表现手法，是现代图案设计的主要类型。

抽象图案是运用点、线、面等造型方式进行组合运用，形成的各种样式的图案，包括点状图案、格子图案、条纹图案、迷彩图案、几何图案等。

一、点状图案

点、线、面是自然界万事万物的构成形式，而点也是线和面的构成基础，因此点是万物构成的起始点。在设计中，点是最简单、活泼的元素，点被运用的场景尤为多。点有大小之分，点越大，视觉冲击力越强；点越小，视觉冲击力越弱，在运用点状图形时，可以通过大小变化和规律的排列，获得动感或秩序化的美感（图4-6）。

二、格子图案

格子图案由纵向条纹和横向条纹组成，在形成条纹样式的同时形成了大小不同的面，由小面扩大到大面又形成了无限广阔的空间（图4-7）。格子图案通过形状、色彩的反复与变化，产生对称与均衡的视觉感受，形成节奏与韵律感。这种对称又包括绝对对称与相对对称，绝对对称是指所有构成画面的格子都是以相同的格子进行重复排列，产生绝对的均衡感；相对对称并不只是用同一个格子，它是由大小不同、面积不同、色彩不同的格子进行重复排列而产生相对均衡的对称感。在色彩上，纵向条纹与横向条纹使用不同的色彩，可以形成色相、明度、纯度的对比，形成强烈的视觉效果。

三、条纹图案

与格子元素一样，条纹元素似乎很受时尚界青睐，即使时尚潮流几度变更，"条纹"依旧屹立不倒。条纹具有方向性、秩序性、循环重复等特性，进而引导人们的视觉方向的变化。条纹能够结合物体自身的轮廓特点进行勾勒，显现物体的线条特

图 4-6　点状图案

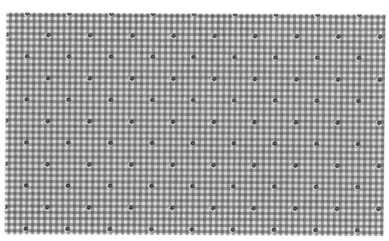

图 4-7　格子图案

点，如运用在胸部曲线的勾勒，显现女性的身材。粗细不同的条纹，在服装上的运用体现的气质也不一样，粗条纹增加贵气和气场，细条纹显高、显瘦。众所周知，横条纹有显胖的效果，在穿着上的视觉体验就是臃肿，但合理利用这一特点，结合合理的剪裁，将其制成衣服，反而可以显得身材丰满。与细条纹一样，竖条纹也具有显高、显瘦的作用。疏密错落、粗细结合的条纹，能显现出一种文艺的温柔以及率性奔放。大小、粗细相同的条纹有序排列形成的规则条纹给人以平衡的秩序感，通过大小、粗细、疏密、宽窄的变化形成的不规则的条纹又给图案增加了灵活性和律动感，在图案设计时可以结合线条的各种特性表现画面的特点（图4-8）。

四、迷彩图案

迷彩图案由不同颜色组成不规则的色块，可分为传统斑块迷彩、数码迷彩、多地形迷彩三种类别。传统迷彩颜色、大小尺寸、形状差异较大，但斑块彼此间界限清晰，整幅图案颜色较少，一般在3～6种，每一个斑块颜色单一、显著，斑块之间具有明显的形状、颜色对比特征。数码迷彩采用像素点的原理，把传统迷彩斑块的边缘模糊化，产生混色效果，远看无法区分细节，近看才能看出小斑块。多地形迷彩斑块边界不清晰，颜色形状均产生渐变趋势，近距离也难找出斑块的边界，颜色种类增多到6色以上（图4-9）。

图4-8　条纹图案

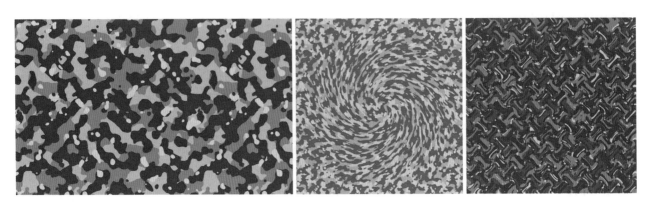

图4-9　迷彩图案

第三节　传统图案

传统图案缤纷多彩，不同国家、不同地域的代表性图案不尽相同，各有特色，传统图案给现代设计师们提供了无穷的灵感，它是人类文明的瑰宝，传统图案既要传承也要创新，深入了解传统图案的设计特点、文化内涵，才能更好地将传统图案应用在现代设计中。

一、中国吉祥图案

中国传统图案讲究"图必有意，意必吉祥"，人们通过图案的寓意、谐音等来表达对美好生活和愿望的期盼。常见的有花卉纹样，如代表富贵的牡丹花、谐音图案梅花、代表高尚廉洁的莲花等。动物纹样，如代表吉祥、尊贵的龙纹、凤纹。还有常见的动物谐音图案，如蝙蝠和鲤鱼等。常见的谐音图案有五福捧寿、双凤朝阳、凤穿牡丹等

（图4-10、图4-11）。盖娅传说作为本土品牌，成功地将中国传统元素运用的非常国际化，中国的吉祥龙纹、凤纹、松树（代表长寿）等吉祥纹样也是该品牌经常使用的元素（图4-12）。

二、佩兹利纹样

佩兹利，英国苏格兰斯特拉斯克来德大区伦伏鲁区首府，是个大自治市和工业中心，18世纪初已发展成为手工纺织业的中心，因生产佩兹利围巾而著称。

很多资料显示，佩兹利纹样源于南亚次大陆北部的克什米尔地区，为东西文化交流的必经之地，战略地位重要，所以又被称为"克什米尔纹样"。由于复杂的背景因素，对于其原始形态的解释，尚无定论，但普遍认为有如下可能性：

图 4-10　五子夺魁肚兜

图 4-11　狮子滚绣球肚兜

图 4-12　盖娅传说 2020 年春夏高级定制成衣

（1）印度生命之树菩提树叶子的造型。

（2）索罗亚斯特火焰教的火焰图案造型。

（3）巴旦杏的内核造型。

（4）松果或无花果截面的造型。

佩兹利纹样具有独特的基本形：长长的椭圆形及一头卷起的洛可可式卷草纹的尾巴，形内填有风格各异的花草与几何纹，可以随着流行风格的变化而变化。佩兹利纹样于20世纪60年代前后流行于我国上海、浙江一带，俗称"火腿纹样"；在中东，称为"克什米尔纹样"；在日本，称为"勾玉纹样"或"曲玉纹样"；在非洲，称为"腰果纹样"；在欧洲，称为"佩兹利纹样"（图4-13、图4-14）。

意大利印花大王吉墨·艾特罗（Gimmo Etro）先生所创立的品牌艾特罗（ETRO），其经典标识图案就是佩兹利纹样，这是艾特罗去印度旅行时从具有东方元素的花纹中获得灵感。而后，艾特罗先生又将其改良更新，为这个古老纹样注入新的活力，使艾特罗品牌经典的佩兹利纹样充满华贵韵味。佩兹利纹样被艾特罗先生大量运用到家用饰品、皮具、成衣以及披肩、丝巾、领带等各系列产品中，并大受消费者欢迎。经典的佩兹利花纹从此成为艾特罗品牌的设计标志和象征。1981年诞生的艾特罗佩兹利花纹设计，至今一直是艾特罗品牌每季新时装的主题（图4-15）。

三、日本友禅图案

传统的友禅图案源自日本江户元禄时期盛行的友禅染，它是由扇绘师宫崎友禅斋创造并得名，是以用糯米制成的防染糊料进行图案描绘再染色的技法，形成多彩华丽的手绘纹样，它的产生把和服图案的水准推向了一定高度，也成为和服的重要图案样式。

大多数友禅纹样都是以复合的形式出现的，其表现方式又是多样性的，以印染、手描、刺绣、扎染、蜡染、楷金等手段相互结合。在选题范围上，

 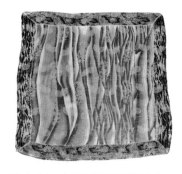

图4-13　佩兹利图案　　　图4-14　金属丝与蚕丝提花方巾

图4-15　艾特罗（ETRO）2020年春夏高级成衣

植物图案与几何图案同时出现在同一图案之中。由于中国传统图案的深刻影响，中式的唐草纹、八仙纹、雷纹等也融入友禅纹样之中。

友禅纹样的题材极为丰富，有松鹤、扇面、樱花、龟甲、红叶、清海波、竹叶、秋菊，还有牡丹、兰草、梅花等选材（图4-16）。

四、印度纱丽图案

纱丽是印度最具民族特色的女装设计，也是现代印度的"正装"，是无须针线缝制的裹装代表。

据传，纱丽有五千多年的历史，在印度古代雕刻和壁画中就常见身披纱丽的妇女形象。最早的纱

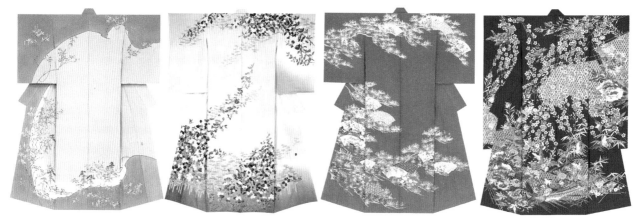

图 4-16　友禅图案

丽只是在举行宗教仪式时穿，后来逐渐演变为妇女的普通装束。纱丽通常1米多宽，6米左右长。传统的纱丽图案常常在底边和侧边处布满边饰纹样，纹样从密到疏，穿插得当，且题材繁多，色彩艳丽，呈现丰富、华美且秩序性强的造型样式。纱丽的式样繁多，不拘一格。每逢喜庆的日子，印度妇女都会穿起自己喜爱的纱丽，点上传统吉祥痣、涂上迈何迪，逛街串门、访亲问友。纱丽因穿者的贫富也有不同，穷人穿的纱丽大都是棉布或粗麻所制，贵妇人穿的则是丝绸或薄纱制的纱丽，缀以金丝银线织成的图案装饰（图4-17）。

五、英国莫里斯图案

19世纪中叶的英国机械化生产力高度发展，带来积极意义的同时也有负面影响，即产品的审美下降，对此，以威廉·莫里斯（William Morris）为代表的"新艺术运动"应运而生，并创造大量设计作品，其中具有代表性的棉印织物品中形成了莫里斯图案。内容多取材于自然、藤蔓、花朵、叶子与鸟等，充满自然主义风格。其具有图形骨骼对称、叶子舒展柔美、朵花饱满华丽、小鸟灵动、构图密集、配色雅致等特点。

威廉·莫里斯是19世纪英国设计师、诗人、早期社会主义活动家及自学成才的工匠。他设计、监制或亲手制造的家具、纺织品、花窗玻璃、壁纸

以及其他各类装饰品引发了工艺美术运动，一改维多利亚时代以来的流行品位（图4-18）。

图 4-17　纱丽图案

图 4-18　莫里斯图案

第四节　流行图案

传统图案是古文明的一种传播载体，而流行图案是对当下流行的、受人们喜爱的事物的展示，体现了当下人们对美好事物的追求。浪漫、悠闲、仙美、炫酷、个性都是当下人们所喜欢追求的，将玫瑰、蕾丝、迷彩、文字等元素运用在图案设计中来满足人们的需求，并随着人们对时尚追求的变化和对流行的追赶，图案的设计也在不断调整。本节将介绍几种现代流行图案。

一、欧普图案

欧普图案在几何元素的基础上进行形态的变化，色彩的变化，产生动感、繁杂的空间立体感，虚实变化的规律秩序感，使人产生错视的心理感受，以达到强烈的视觉冲击效果（图4-19）。

欧普图案利用直线、折线、曲线、圆、矩形、菱形等几何图形进行有规律的组合排列，最主要的是要把握各种形态的流动方向以及彼此间的疏密关系。色彩的变化相对于形态的排列组合更能给人带来视觉冲击，暖色调、纯度高的颜色具有亲近感，冷色调、纯度低的颜色具有疏远感，将这两类颜色相互融合，它们的特性就会相互影响，利用色相的互补、明度的渐变、纯度的错视呈现出了图案的空间感、律动感、韵律感（图4-20）。

二、肌理图案

肌理是指物体表面的纹理，不同的物体具有不同的肌理形式，产生不同的质感，使人产生不同的感受，如平滑与粗糙，柔与硬。自然界中，很多物质都有其特殊的肌理形态，如木头的纹理、大理石的纹理、动物皮毛的纹理等。自然材质中肌理的真实感、节奏感、随意性、和谐美，以及其天然原始的特性为设计师提供了最好的创作灵感（图4-21）。

图 4-19　关于点的欧普图案设计

图 4-20　欧普图案

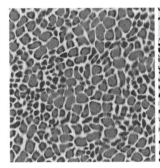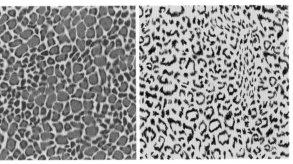

图 4-21　自然材质肌理图案

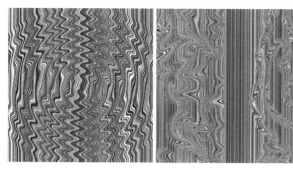

图 4-22　抽象肌理图案

抽象肌理是对物象的抽象表达，提取物象表面的特定纹理图案进行符号化，显示出物体表面的肌理特征，也可以适当调整，使其更清晰化（图4-22）。

材质与肌理的表现已上升为当今图案设计师在设计创作时的重要素材，是表达对人的关心，对自然的尊重和对自由个性发展的重要体现。肌理图案是追求各种质感和纹理的图案形式。

三、文字图案

以文字为基本元素构成的文字图案在艺术领域被广泛运用，以各种形式表现出不同的审美价值。文字图案是指运用字体设计和文字间的排列组合形成的图案。文字图案以文字为基本元素，通过改变局部的样式进行再设计的艺术表现形式。文字图案选材广泛，汉字、英文、韩文、日文、阿拉伯数字均可成为图案的构成元素或部分形式。文字之间的

色彩变化可形成音律般的节奏感，以增加图案的趣味性。文字图案在文字与文字的组合排列、大小、间隔、比例等方面的处理也非常自由灵活，极力寻求标新立异，形式多样（图4-23）。

四、卡通图案

工作压力、生活压力的增加，消费观念和生活方式的转变，使越来越多的人爱上卡通形象，通过卡通，人们心理减压、愉悦身心，仿佛回到童年。卡通图案的创作不受任何限制，比较容易创作出新颖的样式，这种特殊性，使其具有鲜明的识别性。来自动画片中的米老鼠、唐老鸭、机器猫、蜡笔小新等卡通人物给生活带来轻松、欢快的感受，T恤上的米老鼠、拖鞋上的史努比、帆布袋上的机器猫，水杯上的Hello Kitty……卡通人物图案被广泛应用在生活中的每一个角落（图4-24）。

五、剪影图案

剪影图案是一种化繁为简的造型艺术，它既是一种艺术，也是一种文化载体，不仅记录着不同地域、不同时间的人们的生活方式、思想观念，同时具有很强的观赏性，为人们的生活增加不少趣味。自然界的事物给人们提供了大量的类似剪影的形象，如阳光穿过树叶留下的影子，透过雪花留下的

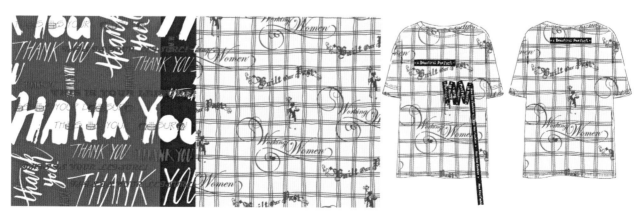

图 4-23　英文文字图案设计

图4-24 汤姆·布朗（Thom Browne）2020年秋冬巴黎时装周卡通图案表现（平面化、立体化）

图4-25 剪影图案设计

轮廓等。剪影图案是运用单色，内部镂空，刻画边线的手法来塑造图案，其突出事物外部轮廓而无烦琐的内部结构，呈现出或细腻，或华美，或简洁明快的造型特征。剪影图案的题材非常广泛，人物题材描绘人物造型及动态或包含某些特定的历史故事、人物；动物题材描绘了动物造型及动态；植物题材表现了充满生命力的花草树木；风景题材包含自然景象和建筑景象；器具题材有各种器皿用具等（图4-25）。

具象图案与抽象图案，传统图案和流行图案既是相互独立的，也是可以相互融合的，设计者在创作时可根据想要表达的主题，选择合适的要素进行组合。

课前训练

- **训练内容：**

  请每位同学拿出白纸或速写本，首先进行无意识的线条练习，点对点之间的定点连线练习，直线、曲线、折线的练习；然后临摹具象图案和抽象图案。

- **训练注意事项：**

  注意养成正确的观察方法，在临摹的同时，注意要先抓形状的大趋势，拿到一个图案前切忌不假思索提笔就画。临摹的同时注意线与线的空间位置，即线的叠压关系，线与线之间并非处于同一平面，否则将变得死板乏味。

- **训练要求：**

  模仿的同时学习优秀图案的节奏安排，适当地在自己的图案里有所体现，更高的要求是把自己认为图案中不舒服的节奏进行适当改造。

- **训练目标：**

  使学生对图案有个概念，临摹的作品中要体现线条的叠压关系，优美的节奏关系。在服装图案设计的过程中，将具象图案、抽象图案等设计方式灵活运用，把趣味性融入设计理念中。临摹的同时要找到抽象图案的具象来源，这个来源可能比抽象图案复杂，也可能比具象图案简单，在临摹的同时要思考，体会原作者对具体事物概括的手法。

课后实践训练

- **训练内容：**

  1. 选取具象图案、抽象图案各两张进行临摹。
  2. 默写自己感兴趣的传统图案及流行图案1~2个。
  3. 分别选取不同角度，对具象图案、抽象图案、传统图案及流行图案形式进行自主设计，完成四幅图案作品。

实践训练

第5章
匹料图案与定位图案设计

PPT 课件

本章要点

- 不同的图案组织形式所产生的视觉效果以及变化规律。
- 四方连续纹样中图案与底色的关系。
- 定位图案的应用部位及应用形式。

本章引言

　　同一个单元图案，运用不同的构成形式会产生千变万化的效果，同时，同一种图案在服装中运用于不同的部位也能产生不同的视觉效果。图案的绚丽多姿为服装带来了多样性的变化，进一步加强了服装的装饰效果。

第一节　服装匹料图案

服装匹料图案就是我们俗称的"花布"，它是指整匹布料被图案所铺满，属于四方连续图案，是图案中最为常见的一种组织形式。它的单元图案在一定的空间内，进行上、下、左、右四个方向的重复与排列，形成无限循环。这种四方连续纹样节奏统一，律动感强。匹料图案在服装运用中无须考虑应用部位设计，它就相当于面料，一般在裙子、衬衣、礼服、家居服等服装中运用较多。

一、匹料图案的组织形式

匹料图案即四方连续纹样，它的组织形式有三种，分别是散点式、连缀式和重叠式。

1. 散点式

散点式是以一个或几个装饰元素组成单元图形，均匀的呈散点状排列，图案间并不连接，形成散花状，给人轻松愉快的感觉。这种形式的纹样主题比较明确，组织形式比较简单。散点排列有平排式和斜排式两种连接方法。

（1）平排式连接法是指单元图形沿水平方向或垂直方向重复排列（图5-1）。

（2）斜排式连接法又称阶梯错接法，使纹样呈现斜向重复的效果（图5-2）。由于倾斜角度不同，有1/2、1/3、2/5等阶梯错接方式。

2. 连缀式

连缀式是以一个或几个装饰元素组成单元图形，排列时纹样相互连接或穿插构成连缀式四方连续。这种形式的纹样特点是连续性较强、变化丰富，具有很强的装饰效果。连缀式四方连续纹样有菱形式连缀（图5-3）、波纹式连缀（图5-4）等。

3. 重叠式

重叠式是用两种以上不同的纹样重叠形成的四方连续纹样。一般是在一种纹样上重叠另一种纹样。在下面的纹样为"底纹"，在上面的纹样为"浮纹"。这种纹样层次丰富，在设计时需以浮纹的表现为主，底纹为辅，底纹要尽量简洁大气，以免喧宾夺主（图5-5）。

二、匹料图案的布局

图案在面料上所占据的空间比例不同，所呈现的视觉效果以及装饰风格也不一样。根据图案在面料上的占比，将匹料图案细分为满地图案、混地图案和清地图案三种。

1. 满地图案

满地图案是指花纹占据整件匹料的大部分或全部空间，所留出的底色面积非常少，通常以小碎花的设计样式为主，纹样紧密，装饰感强。满地图案一般有主花、辅助花和点缀花三个层次，可以是单一层次，也可以是三个层次同时出现，层次越多，纹样越丰富。在设计时需要注意以主花为主，面积大小比例也应该是由主花、辅助花到点缀花依次递

图 5-1　平排式连接法

图 5-2　斜排式连接法

图 5-3　菱形式连缀

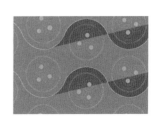

图5-4　波纹式连缀

图 5-5 重叠式

图 5-6 满地图案

图 5-7 满地图案的应用（Dries Van Noten 2020 年秋冬高级成衣）

减（图5-6、图5-7）。

2. 混地图案

混地图案是指花纹与底色所占的面积比例相当，疏密适中。在设计时需要注意花纹与底色的色彩搭配关系以及正形（花纹）与负形（底色）的协调关系，避免出现横档、直条、斜路等情况。混地图案的组织形式较为多样化，在图案设计中应用较多（图5-8、图5-9）。

3. 清地图案

清地图案与满地图案相反，清地图案只占据整件匹料的少部分空间，而留出大面积底色，纹样稀疏且通常花纹偏大。由于底色面积大，清地图案的纹样设计就显得比较重要了，纹样应该尽可能丰富多样，否则会单调乏味（图5-10、图5-11）。

三、匹料图案在服装中的应用

匹料图案应用在服装上的时候，整件服装的图案内容可以是一致的，也可以不同服装部件装饰不同的匹料图案，还可以大胆地将毫无联系的图案依据一定的形式美感装饰在一件衣服上，表现前卫、反叛的个性。虽然匹料图案装饰体现出较大的整体性，但在现代服装设计的应用中还要体现出适度的原则。过多的装饰易表现出凌乱、臃肿感；而过于

图 5-8 混地图案

图 5-10 清地图案

图 5-9 混地图案的应用（Dries Van Noten 2020 年春夏高级成衣）

图5-11 清地图案的应用（Prada 2021年春夏高级成衣）

简单的服装图案又不足以起到装饰作用，给人无力、空洞之感。图案的风格应表现出积极活泼的感觉，忌讳产生压抑之感（图5-12）。

图 5-12　匹料图案的应用（从左至右依次为 LOEWE、ISABEL MARANT、PACO RABANNE 2020 年春夏高级成衣）

第二节　服装定位图案

服装定位图案包括单独纹样和二方连续纹样，它是指在服装某个特定局部所设计的图案。同一种图案，在不同部位的应用易造成不同的视觉效果和精神风貌，引起不同的心理联想和审美评价。一旦人们长期所形成的视觉心理习惯被打破，就易引起视觉上的矛盾冲突，所以，在将图案用于服装上时，应着重考究其装饰的位置，确定装饰中心并处理好主从关系，有意识的引导人们去关注服装重点，使各种设计元素有序地呈现出来，形成心理上的主旋律，从有条不紊的设计中获得和谐统一的美感。

一、服装定位图案与独立形纹样

独立形纹样分为单独纹样、适合纹样、边角纹样三大类。

1. 单独纹样

单独纹样是具有相对独立性和完整性，并能单独用于装饰的图案。它是一种没有外轮廓及骨骼限制，可单独处理、自由运用的一种装饰纹样。它通常在服装边缘以内的部位进行中心装饰，包括胸

部、背部、腰部、肘部及腿部等。它以突出人体体表的起伏曲面为特点，强调服装风格和穿着者的个性。单独纹样按构成形式可分为对称式单独纹样、均衡式单独纹样。

（1）对称式单独纹样是以假设的中心轴或中心点为依据，使纹样上下或左右或四周对翻。图案结构严谨饱满、规则工整（图5-13、图5-14）。

（2）均衡式单独纹样又称平衡式单独纹样，它不受对称轴的限制，结构自由，但画面中心平

图 5-13　对称式单独纹样

图5-14 对称式单独纹样的应用（Valentino 2020年春夏高级成衣）

图5-15 均衡式单独纹样

图5-16 均衡式单独纹样的应用（Giambattista Valli 2015秋冬高级订制）

稳。均衡式图案形象舒展优美，风格灵活多变（图5-15、图5-16）。

2. 适合纹样

它是将纹样的组织较完整的安排在一定的外轮廓中，它在构图上具有一定的局限性。适合式图案采用的外形一般有方形、圆形（图5-17）、三角形（图5-18）、菱形、多边形（图5-19）、扇形（图5-20）等，适合纹样在丝巾或地毯纹样中应用非常多，变化也非常丰富（图5-21）。

3. 边角纹样

这是一种装饰在服装或器物边缘转角部位的纹样，大多与边缘转角的形体相吻合。因此，又称为角隅纹样或角花（图5-22）。

二、服装定位图案与二方连续纹样

用一个或一组单元纹样向上下或左右两个方向进行反复循环，连续而成的图案，谓之二方连续图案。它通常在服装局部的边缘部位进行应用，应用部位主要包括服装衣领、门襟、袖口、底摆、裤口、裤侧缝、体侧部、开衩、肩部、口袋边等。在服装边缘装饰图案可增加服装的廓形感、线条感。用于强调款式特征，突出轮廓特点，使服装具有典雅、端庄之美。

它分为纵式二方连续和横式二方连续。在服装上常起勾勒、分割和界定的作用，其骨架形式有散点式、波线式和渐变式。

1. 散点式二方连续纹样

散点式二方连续纹样，其单位图案按照一定的空间、距离以及形式进行分散式反复排列，它们互不相连，但相互呼应，具有个体重复的特点（图5-23）。

2. 波线式二方连续纹样

波线式二方连续纹样，其格式是采用波浪起伏的曲线构成，连续、婉转、流畅、生动（图5-24）。

3. 渐变式二方连续纹样

渐变式二方连续纹样是指单位图案或几组图案

图 5-17 圆形适合纹样

图 5-18 三角形适合纹样

图 5-19 多边形适合纹样

图 5-20 扇形适合纹样

图 5-21 适合纹样的应用（波斯地毯）

图 5-22 边角纹样的应用

间按照大小，或颜色，或形状的渐变进行规律排列，相较于散点式来说，其更富于变化，种类繁多，且结构丰富（图5-25）。

三、定位图案在服装中的应用形式

图案设计好之后，如何更好地应用于服装中也是设计师需要考虑的重点。服装不是一块平面的布料，它由不同的部件组成，且是三维立体的，那么在实际应用时需要考虑到整体感、空间感，需要全方位思考图案在服装中的定位。同一种图案，在服装中的应用形式和应用部位不同，也会带来不同的设计美感。

1. 对称应用

对称应用是一种最为简单的应用形式，在应用图案时，衣身处可以选择对称式的图案，两边的袖子可以选择自由式图案进行左右对称式设计，以形

图 5-24 波线式二方连续纹样

图 5-23 散点式二方连续纹样

图 5-25 渐变式二方连续纹样

成整体的对称效果，这种应用形式所呈现的视觉平衡感最强（图5-26）。

2. 重复应用

重复应用是指一种或多种单独纹样在服装上进行重复性的装饰，它有别于匹料图案所呈现的有一定规律的重复，它在服装上的装饰看似凌乱无规律，但又不失节奏感和韵律感。一般是在面料上额

图5-26 对称应用（从左至右依次为 Christian Dior2020 年春夏、Dries Van Noten 2020 年春夏、Valentino 2019 年秋冬高级成衣）

图5-27 重复应用（Moschino 2020 年春夏高级成衣）

图5-28 渐变应用（Givenchy 2019 年秋冬高级成衣，从左至右依次为上下式、斜向式、左右式渐变）

图5-29 非对称应用（Valentino 2019 年秋冬高级成衣）

外进行装饰，而不是面料本身，所装饰的效果具有立体感（图5-27）。

3. 渐变应用

渐变应用是指图案在服装中应用时，采用疏密渐变或大小渐变的方式，以形成一种强烈的方向性。它有上下式渐变、左右式渐变、斜向式渐变三种（图5-28）。

4. 非对称应用

这种应用方式设计感强烈，应用较为随意，视觉上形成一种左右或上下不等量的效果。比如想突出左边的服装，将图案大面积应用在左边衣身以及袖子处，右边衣身只使用小面积图案进行呼应，袖子则不用图案或非常小面积的使用图案，整体看上去左右量感不对等，这种设计形式更为自由（图5-29）。

四、定位图案在服装中的应用

定位图案在服装上一般是局部应用，应用部位通常有前胸、后背、底摆、门襟、肩部、口袋和裤侧缝等。整体可分为边缘装饰和中心装饰两大类。

1. 边缘装饰

边缘装饰的图案一般为二方连续，在服装边缘处可形成边框的效果，所装饰的具体部位包括服装领、门襟、袖口、底摆、裤口、裤侧缝、体侧部、开衩、肩部、口袋边等。边缘装饰图案可增加服装的轮廓感、线条感，强调款式特征，具有典雅、端庄之感。

在所有装饰部位中，领与门襟部位图案应用最多，也最考究。人体头部是视觉中心，所以离头部最近的服装领子的设计就显得尤为重要。门襟是服装的中心部位，该部位图案的特点直接影响服装的整体风格，门襟处装饰以二方连续纹样通常会形成一种边框效果，强化服装款式特点（图5-30）。领口与门襟处图案的设计应注意与袖口、口袋边协调一致。

肩部图案不仅能起到装饰美化作用，同时具备修饰人体体型特征的实用功能。溜肩的人若在肩部装饰硬朗、粗犷的图案，可使肩部看起来端庄且富于力量（图5-31）。

在服装底摆及裤口处装饰图案，具有稳健、安定的特点，但由于其处于服装的下半部分，具有下沉的视觉效果（图5-32）。若将领、门襟、肩及底摆都装饰图案，则形成一种边框的效果，具有上升和下沉的扩张感。

裤侧缝和袖侧部等部位的图案，可掩饰缺陷或勾勒形体，以达到修长、挺拔的视觉效果（图5-33）。

2. 中心装饰

中心装饰主要指服装边缘以内的部位，包括胸部、背部、腰部、腹部、肘部及腿部等。图案以单独纹样为主，中心图案在装饰时，需结合人体复杂的立体曲面去考虑，以突出人体体表的起伏曲面为特点，强调服装风格和穿着者的个性。

图 5-30　门襟装饰（从左至右依次为 Dries Van Noten 2020 年春夏、Gucci2019 年秋冬高级成衣）

图 5-31　肩部装饰（从左至右依次为 Dries Van Noten 2020 年春夏、Louis Vuitton2020 年秋冬高级成衣）

图 5-32　底摆装饰（从左至右依次为 Erdem、Valentino 2020 年春夏高级成衣）

图 5-33　侧缝装饰（从左至右依次为 MCM、Dries Van Noten 2020 年春夏和 Louis Vuitton2020 年秋冬高级成衣）

图 5-34　胸部装饰（从左至右依次为 Valentino 2019 年秋冬、Louis Vuitton 2020 年春夏 Prada2019 年秋冬高级成衣）

　　胸部是仅次于头部的最重要的视觉中心之一，它是显现女性曲线美的重要部位，也是服装图案较常见的装饰部位。胸部装饰图案，可以使服装胸部圆润而丰满，给人自信、从容、坦荡的感受（图5-34）。

　　背部空间较大，结构相对简单，服装较为平坦，所以该部位可以采用单元形较大的图案来装饰。图案类型的选择较为自由，可与服装正面图案相一致，也可以独具风格，彰显个性（图5-35）。

　　腰部和腹部的图案较难把握，图案的造型应具有收缩感，宜选用明度较低的颜色。腰部（图5-36）和腹部图案（图5-37）位置的高低决定上下身的视觉比例关系，且不同的方向带来的视觉感受也不同，斜向和辐射图案最具动感效果，有积极向上的感觉，横向图案有隔断感，纵向图案则有挺拔、修长之感。

图 5-35　背部装饰（Boy London 品牌服装）

图 5-36　腰部装饰图案　　　　图 5-37　腹部装饰图案（Prada2019 年秋冬高级成衣）

课前训练

■ **训练内容：**

给定一个服装款式和一个单元图案，要求每位同学在该款式上自由绘制图案，图案的应用部位不限。

■ **训练注意事项：**

需要注意单元图案的重复规律以及应用部位。

■ **训练要求：**

学生在训练过程中体会单元图案的重复节奏与规律。

■ **训练目标：**

训练学生用同一种单元图案，设计出不同的组合方式，感受不同的组合方式所产生的图案的变化效果。

课后实践训练

■ **训练内容：**

四方连续纹样、单独纹样与二方连续纹样的设计练习。

■ **训练要求：**

1. 图案设计新颖，符合流行趋势。

2. 图案的构成形式明确，图案的律动感强。

3. 在8开纸张上，分别绘制出一张四方连续纹样，两张单独纹样，两张二方连续纹样，并标明图案的构成形式。

实践训练

第6章
服装图案的应用设计

本章要点

■ 了解职业服装、休闲服装、家居服装、礼服等不同类型服装的图案设计应用。

■ 结合图案创意设计的思维方法，图案设计的表现等知识实践图案的应用设计。

本章引言

服装类型多元化决定了其在设计表现上的多样化，服装的图案设计也是如此。不同类型的服装因其功能、场合、对象、材料等因素的影响，图案的设计应用也体现了独特性与特殊性。对于服装图案的应用设计，应充分学习和了解不同类型服装的特点，并合理设计与应用。

第一节　职业装图案设计应用

"职业装"作为从"现代服装"中分离出来的一种类型，伴随时代的发展与进步已逐步形成具有自身特性与规律，且有别于其他类型的服装。现代职业装根据社会的职能及职业发展逐步被细分化，不同类型的职业装在体现实用性与艺术性的同时，还具有鲜明的标识性。因此，职业装图案设计应以研究职业性质与特点为前提，并结合职业着装的对象、场合、目的、职业性、心理、生理的多源需求，提出图案设计的最佳方案。

一、职业装的分类与特性

1. 职业装的分类

职业装是各种职业工作服的总称。现代职业装概念是在西方外来思想基础上（干什么、穿什么）逐步演变、形成与发展的。在西方，职业装体现了"Uniform"特性。"Uni-"为统一，"-form"为形，即统一的服装和制服。政府机关、学校、公司等团体，根据不同职业形成具有特征的统一"型"，以区别于其他服饰。因此，职业装按照行业分类，可以分为行政职业装、职业制服、职业工装。

当下，职业装领域越来越表现出具有自身特性的规律，它有别于其他服装大类的开发、设计、生产、销售、使用，给予每个职业所具有的特征"型"，给予我们某个职业的鲜明感，并以此来界定职业装的所属范围。

2. 职业装图案运用的特性

职业装作为一种专用服装与日常服装不同，根据一定的目的，有特定的形态、着装要求，有必要的装饰和必备的机能性特点，同时对于材质、图案、色彩、附属品等均有要求，形成了既有区别性又有统一性的服装特点。具体而言：

其一，职业装图案运用的标识性特点。通过图案的标识性把职业角色、特定身份的标志，以及行业与岗位的差异有效区别。职业服装图案运用的标识性充分体现了服装精神性方面的重要性质，巧妙运用图案可以体现职业精神内涵、企业文化内涵等。因此，职业装图案运用呈现分级标识、场合标识、性别标识和身份标识（图6-1）。

其二，职业装图案工艺材料的经济性要求。职业装既要体现职业的精神性要求，也要兼顾经济性要求。穿上职业装能有效地使从业人员实现身份转换，使其尽快适应环境，全身心投入工作。经济性要求体现在材料选择、制作加工等方面，均要考虑职业的实用要求。

另外，新型纺织材料的拓展与革新给职业装以日新月异的新面目。特别是有些职业装需具备防寒、隔尘、保暖、质轻、牢固、耐用、防尘、防静电、易洗、易干等特性，具备科学性和科技性的新型面料能有效满足职业装这一需求。

其三，职业装图案的艺术性特征。艺术性是指职业装在考虑职业要求的同时，还需考虑美观性，穿着的仪容度等，除了通过职业装体现个人形象，也要通过职业装传达企业形象、职业文化等。因

图 6-1　左图学生制服，右图空乘制服

图 6-2 餐饮服务性行业职业服装

此，职业装图案的艺术性不仅可以呈现个人职业气质，而且能有效提升企业形象、行业文化，增强企业凝聚力与社会影响力。如中式餐厅员工制服图案采用中西结合的设计思路，体现了现代文化与传统元素的融合；再如酒店行业制服在体现企业形象的同时，从西式服装中吸取设计元素，呈现出职业制服异彩纷呈、兼容并蓄的时代特性（图6-2）。

二、职业装的图案应用与设计

职业装的图案设计应充分体现职业性，并兼顾服装款式与面料要求，合理设计运用图案。图案设计要深入分析行业特点与形象要求，分析不同岗位的形象需求与特点，分析职业装的款式设计与配色特点等。

以空乘职业服装为例，空乘服装要体现鲜明的地域性、区域性、文化性差异，同时结合空乘行业的职业要求与不同空乘公司的企业文化特点，考虑不同空乘岗位的职业要求与工作特点，合理、有效、恰当的设计运用图案。如：中国东方航空和昆明航空两家公司，代表的文化差异、地域差异非常鲜明，企业文化的标识也十分突出。对其空乘服装的设计来说，昆明航空的图案运用体现了鲜明的地域性和民族性的标识，设计灵感以孔雀为题材和元

素，使用了极富云南特色图案的丝巾和拼色图案作为装饰，展现出全新、时尚、优雅的空乘职业形象，富有浓厚的云南文化气息和企业形象；而中国东方航空空乘制服在图案设计运用上巧妙融入了中国青花瓷图案、中国结等中国传统文化元素，在制服款式设计上结合西方服装修身、简约等流行设计元素，使全套制服含蓄又不失时尚，极具东方气质，让人耳目一新（图6-3）。

图 6-3 中国东方航空空乘制服图案设计

职业装的图案应用与设计我们应遵循：

其一，充分体现不同职业类型的特点需求。职业时装主要以机关事业单位或非生产一线人员为主要着装人。根据工作环境和职业的特殊性，其职业装图案应用与设计可彰显时装的个性化特点，图案应用题材类型可以更为多元，人物图案、花卉图案、植物图案、几何图案等均可应用。其图案的造型形式与表现应结合职业时装的具体款式合理设计与应用。

职业制服因不同职业的差异性，工作环境的独特性，职业要求的专属性，要求图案的应用设计更需兼顾统一性、标示性与适度性原则，在具体设计时要考虑职业的形象要求，职业的岗位细分，企业的形象Logo标识，企业的环境氛围等。

其二，充分贴合职业服装风格和款式特点。职业装图案设计的运用与其他类型服装一样要兼顾服装风格，彰显款式特点，做到布局合理，风格一致。恰当使用图案题材设计面料图案，结合款式细节、巧妙定位，注意局部图案应用，勿要生搬硬套，图案需要重新组合和再设计，图案的运用不仅要体现服装的美感，更要符合职业特性。

尤其在局部运用图案的设计中，应根据职业装的图案装饰部位决定选择何种图案构成形式，如门襟、领口、袖口可选择二方连续形式的图案构成，以彰显职业装稳重、端庄的气质特点。而单独图案的形式可运用在职业装的胸前、背部，起到鲜明的标识性作用（图6-4）。

同时，对于有些职业装的图案应用与设计还需兼顾职业装配饰的图案应用，因其配饰在职业装中的装饰性作用，其图案可呈现跳跃、鲜明、突出的视觉效果。图案设计体现艺术性和创意性，图案配色与职业装用色形成对比感（图6-5）。

职业装图案的色彩运用要考虑职业装的穿着环境、文化理念和工作性质，以巧妙地选择同类色、近似色、互补色、对比色等方式，保持图案配色在职业装中单纯且不单调、统一且多样的配色规律，既体现了职业特点与团队精神，又突出了个性气质与艺术美感。

图 6-4　职业制服局部图案设计

图 6-5　职业制服的配饰图案应用

三、职业装设计案例

1. 制服设计案例

几何图案为制服常用类型图案，多根据不同性别、年龄、职业类型决定几何图案的配色、抽象形态与组合形式。如图6-6～图6-8所示为男士制服、学生制服和女士制服，男士制服几何图案配色突显沉稳、庄重的男性气质，几何纹样形式单纯，富有秩序感；学生制服图案设计与运用充分考虑学生的年龄特质，故图案设计配色活泼，几何纹样形态丰富、形式多元且富有变化感。女士制服图案设计与运用除考虑职业特征外，还应兼顾表现女性气质的端庄、典雅，图案纹样可采取植物花卉类纹样、几何抽象纹样，以及传统纹样等。

2. 制服的局部图案设计与应用案例

根据制服的款式特点，有时可以针对局部运用图案，如门襟、领口、袖口，或者局部衣身、裙身。图案形式则可以采取连续性边饰图案，或适合图案等（图6-9～图6-12）。

图 6-6　男士制服

图 6-7　学生制服

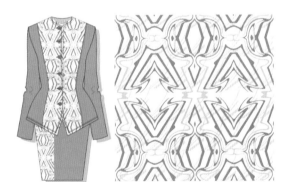

图 6-8　女士制服（一）

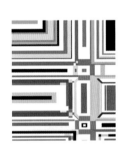

图 6-9　女士制服（二）

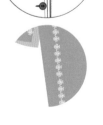

图 6-10　女士制服（三）

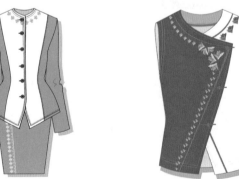
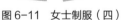

图 6-11　女士制服（四）

图 6-12　女士制服（五）　　　　　　　　　　图 6-13　女士制服与丝巾图案

图 6-14　女士制服用丝巾图案

3. 制服丝巾图案设计案例

因职业需要，制服、职业装更广泛的出现丝巾的运用与搭配，丝巾作为制服的服饰部件起到突显职业领域、就业单位、企业文化等作用，因此，丝巾图案的设计与运用应突显公司或企业文化，与公司视觉导视形象相呼应，抽象图案、具象图案类型均可（图6-13、图6-14）。

第二节　运动休闲装图案设计应用

运动装是指进行专业运动时穿着的服装，包括球类、武术、体操、游泳、登山、击剑等体育运动，功能性很强，使用的面料具有特定的作用，由于运动员参加专业运动会大量出汗，要求面料具有透气、吸汗、速干的特点。同时运动过程中动作幅度大，要求服装具有宽松、弹性强、延展性及回复性好等特点。运动装的图案设计能在一定程度上提升其设计品位。运动装的图案造型多由数字、字母、抽象图案、运动条纹、动植物图案组成，内容多以几何抽象为主，如很多专业运动服以队标、国旗、国徽以及文字来构成图案的内容，色彩上讲究对比，具有简洁大方、活泼欢快、明快醒目的特征（图6-15）。

休闲装就是休闲生活时所穿的衣着，款式和面料应用广泛，各种针织、梭织面料都能用，各种款式稍加改良也能用，于是就有偏运动型的，偏正装型的，时髦的，复古的等。有些人上班穿，有些人出游、休闲运动也穿，范围非常广。休闲装的图案设计形式包罗万象，有动物、植物、花卉纹样，也有卡通、文字、波普艺术等各种图案形式。图案设计采用多样化的手法，通常有抽象和具象两种表现手法。抽象的手法有几何元素碰撞、随意泼墨、色彩混合等；具象的手法有多种元素组合，手绘图案与摄影图像结合，自然的动植物图案与现代建筑图

像结合等。通过单独纹样、二方连续图案、四方连续图案不同的表现手法，体现了不同的视觉效果。如图6-16所示，将具象的图形与动植物纹样以四方连续的手法进行组合设计，使休闲装充满了时尚元素。

运动休闲装是介于专业运动装和休闲装之间的一种服装形式，比起纯运动装，它显得比较休闲，对休闲装来说，它又有一些运动元素在里面。

一、运动休闲装的特点与图案设计

运动休闲装具有运动装宽松、弹性强，延展性及回复性好的特点，在设计上越来越倾向时尚、新颖的装饰设计方案。图案设计将数字、字母、动植物纹样、抽象图形等众多基础元素进行创意设计，在拉链、纽扣、袖口、领口、口袋、肩部运用花边、蕾丝、印花、刺绣等细节设计，为运动装增加了更多潮流、时尚的元素。运动休闲装的细节设计受到设计师越来越多的关注，这些细节的装饰表现手法使运动设计变得越来越时尚。设计师在原本单调的运动装上增添了很多源自各种艺术的形象、数字、字母、条纹等元素，结合各种亮片镶嵌、胶印、丝网印、缝补、剪影等装饰手法使服装图案更具趣味性。

如图6-17所示，其运用数字、字母与抽象几何图案进行组合，为运动休闲服增添了活力。如图6-18所示的品牌运动休闲服运用刺绣字母的图案对服装进行装饰，简单大方。如图6-19所示的休闲服，其采用剪影的图案加上上衣胸前和裤子口袋旁的局部漫画图案，使整体服装图案显得既简单又丰富，时尚感十足。

如图6-20所示的运动休闲服运用棉与聚酯纤维制成，面料舒适，在上衣衣身和袖口均运用印花图案装饰，裤子运用侧边条纹，使服装既具有运动服宽松舒适、图案造型简单、明快、醒目的特点，又具有休闲服装袖口印花等细节装饰的特色，使整套服装充满了活力与趣味性。

图6-15　运动装

图6-16　休闲装

图 6-17　数字、字母抽象图案运动休闲服（Particle Fever 2019 春夏系列）　　图 6-18　品牌休闲运动休闲服（Angel Chen 2019 春夏）　　图 6-19　剪影图案运动休闲服

图 6-20　印花图案运动休闲服　　　　　　　　　　　图 6-21　卡通字母图案运动休闲服

二、运动休闲装图案的设计应用

　　运动休闲装既具有运动服宽松、弹性、透气的特点，同时图案的运用也使服装具备时尚的特点，可以在日常工作、休闲运动等场合穿着。服装图案可以运用文字、条纹、卡通图案进行组合，使服装既简单又俏皮可爱，同时体现了运动的气息。植物花卉图案的秩序排列，前后呼应使运动休闲服看起来具有小清新的特点，充满生机与活力。抽象几何图案运用高度概括的方式体现了运用休闲服简洁而不单调的特点。这些具象或抽象的图案运用四方连续的构成手法，进行有序排列，使服装整体上充满秩序感。刺绣的手法也能运用于图案的勾勒，细节的装饰，使看似简单

的运动休闲装更具魅力。

　　1. 卡通字母图案应用案例

　　跑步的兔子、打棒球的老虎等卡通形象置于上层，运动的字母元素置于底层，二者相结合，运用在运动T恤和运动卫衣上，充满了运动的气息，俏皮可爱（图6-21）。

　　2. 几何图案应用案例

　　将四方连续的几种方形、叶形连续纹样，与字母元素相互交错层叠，运用在运动服上，使服装图案整体立体层次感更强（图6-22）。

　　3. 花朵图案应用案例

　　将花卉进行组合构图，形成四方连续纹样，将部分元素放大或缩小进行服装图案的构成，使简单的元素充满秩序感（图6-23）。

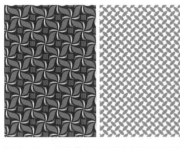

图 6-22　四方连续几何图案运动休闲装

图 6-23　四方连续花朵图案运动休闲装

图 6-24　字母色块图案层叠运动休闲装

图 6-25　植物图案运动休闲装

图 6-26　刺绣花卉图案运动休闲装

图 6-27　几何拼接图案运动休闲装

4. 字母色块图案应用案例

将字母与色块进行组合，标志及不同色块之间交错碰撞，形成强烈的视觉冲击感（图6-24）。

5. 植物图案应用案例

提取不同形状的树叶形成单独纹样，在镂空运动服装的口袋、门襟、袖子、内衣上运用这些元素，显得清新，充满生机与活力（图6-25）。

6. 刺绣花卉图案应用案例

将花卉图案的构图手稿先画出来，再用刺绣的方式在黑色字母图案的运动休闲服上进行纹样绘制，使服装元素简单而高级（图6-26）。

7. 几何拼接图案应用案例

运用正方形、三角形、梯形、圆形以及不规则图形绘制四方连续纹样，将其运用在运动休闲服的前片上，显得复杂但不失秩序感（图6-27）。

第三节　家居内衣图案设计应用

家居内衣是指在室内穿着的服装，讲究舒适自然，面料以棉、真丝等天然纤维为主，设计简洁，便于活动，图案的题材较为广泛。

一、家居服图案设计应用

从16世纪欧洲人穿上睡袍以来，睡衣随着时代变化也不停改变着形象。到了20世纪，社会气氛变得宽松活跃，卧室着装也向着新的款式发展，发生根本性变化。如今，睡衣市场已经扩大到包括人们回家时穿什么的范畴，而不一定非是睡觉时才穿什么，睡衣（Sleepwear）的概念逐渐转化为家居服（Home wear）的概念。除了时装，人们还非常在意自己在家里穿什么，家居服早已超越了仅仅是为了穿用的基本需求。

1. 家居服的分类

家居服可分为情侣套装、睡袍、睡裙、休闲服等类别。

（1）**情侣套装**：款式一般是一样的，以可爱的动物造型为主，图案的设计也较为夸张（图6-28）。

（2）**睡袍**：款式比较固化，以颜色和图案为设计点进行设计（图6-29）。

（3）**睡裙**：款式以吊带裙或T恤为主，相对变化多样，图案的题材也较为丰富（图6-30）。

（4）**休闲服**：与外穿服装款式差不多，可以当睡衣，也可以外穿，以上下两件套为主，造型宽松舒适（图6-31）。

2. 家居服的图案应用与设计

家居服是指在家中休息或操持家务、会客时，穿着的一种服装。它的特点是面料舒适，款式繁多。家居服是由睡衣演变而来的，其图案以抽象几何纹样，花卉、叶子、水果纹样为主要题材，工艺上以印花为主，色彩上以干净、明快的高明度配色为主，体现出温馨舒适的视觉效果（图6-32~图6-35）。

二、内衣图案设计应用

内衣的英译为"Lingerie"，之所以如此，是因为古时候的内衣是由薄的亚麻布所制，而麻的法文是"Linge"，所以便有"Lingerie"。现代内衣由紧身胸衣演变而来，其摒弃紧身胸衣的束缚性，强调健康、自然的美感。面料上使用针织弹性面料，使内衣既紧贴体型，又能修正体型，舒展自如。

1. 内衣的分类

（1）**普通内衣**：适合日常穿着，用于塑形，

图 6-28　情侣套装

图 6-29　睡袍

图 6-30　睡裙

图 6-31　休闲服

图 6-32　抽象波点图案

图 6-33　卡通动物图案

图 6-34　花卉图案

图 6-35　水果图案

图 6-36　普通内衣

图 6-37　紧身胸衣

图 6-38　运动内衣

图 6-39　泳衣

有前扣和后扣两大类型。图案设计上以蕾丝图案为主（图6-36）。

（2）**紧身胸衣**：用于塑造胸腰立体造型，可以调节腹部、腰部赘肉，表现曲线，用来搭配晚礼服等。图案设计方面以提花图案为主，题材以花卉图案居多（图6-37）。

（3）**运动内衣**：方便跑步或练习瑜伽等运动穿着。运动内衣的图案以明快的几何图案为主，以大色块分割来突出运动时的动态感（图6-38）。

（4）**泳衣**：内衣的一种，用于游泳穿着，一般款式设计比较性感，色彩鲜艳，图案的题材类别广泛，设计感强（图6-39）。

2.　内衣的图案应用与设计

常见的内衣设计中以蕾丝图案为主，蕾丝图案的题材以花卉图案居多（图6-40），用以显现女性的柔美和妩媚，色彩上以皮肤色、黑色、红色居多，

强调边饰图案，泳衣图案设计则范围较广，常以强烈的色彩搭配表达个性时尚的美感，以夏威夷热带植物图案为主（图6-41），也有沙滩元素图案等。

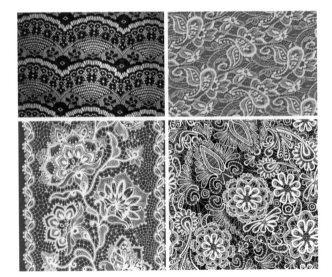

图 6-40　蕾丝图案

图 6-41　热带植物图案

三、家居服图案设计案例

1. 几何图案在休闲家居服中的运用

采用波点图案结合斜纹图案的设计，使图案更有层次感，服装中使用图案中的主色为呼应，让图案的设计和服装款式的设计更为统一（图6-42）。

2. 花卉图案在睡袍中的运用

花卉图案在女装中的应用非常普遍，是一种常用的素材。睡袍通常以白色居多，在睡袍设计中采用淡雅简单的花卉图案，结合袖口和领口的纯色拼接设计，图案表现出简约内敛之感（图6-43）。

3. 蕾丝图案在吊带睡裙中的运用

在家居服睡裙的图案设计中，常常采用蕾丝面料和真丝或仿真丝面料进行搭配，蕾丝图案以花卉题材居多，表现性感、妩媚的视觉效果（图6-44）。

4. 动物图案——斑马纹在睡裙中的运用

斑马纹是近年来非常流行的图案元素，在各大秀场均有出现，斑马纹以简单的长条图形为主，长长短短进行组合排列，形成一种轻松随意的效果（图6-45）。

四、内衣图案设计案例

1. 蕾丝图案在内衣中的运用

蕾丝图案在内衣中应用或以四方连续排列，或以二方连续排列设计成花边运用于内衣中，素材有花朵图案、叶子图案等，蕾丝面料属于半透明面料，在内衣中进行局部运用，显现女性的性感之美

图 6-42　休闲家居服设计　　　图 6-43　睡袍设计

图 6-44　吊带睡裙设计　　　图 6-45　睡裙设计

图 6-46 后扣蕾丝内衣设计

图 6-47 前扣蕾丝内衣设计

图 6-48 网眼内衣设计

图 6-49 沙滩图案泳衣设计

图 6-50 热带植物图案泳衣设计

（图6-46～图6-48）。

2. 沙滩图案在泳衣中的运用

采用沙滩中常见的元素，如救生圈、海螺、人字拖、贝壳、雪糕、漂流瓶等进行组合，以四方连续的形式设计成匹料图案，满身运用于泳衣中，使图案和款式风格保持一致性（图6-49）。

3. 热带植物图案在泳衣中的运用

在泳衣图案设计中，除了上述沙滩中常见的元素外，植物图案也可以作为素材进行设计，将不同叶子的形态进行上下层叠，交错在一起，可以使简单的元素充满层次感（图6-50）。

第四节　礼服图案设计应用

礼服是以裙装为基本款式特征的服装，是在某些重大场合或正式场合所穿着的较为端庄优雅的服装。礼服的图案设计除了日常的元素外，往往会为烘托某个节日的氛围进行主题设计，比如2008年北京奥运会颁奖礼仪服装，为了突出中国特色，选择青花瓷图案运用于服装中。

一、礼服图案设计应用

礼服形成于15世纪左右，最早出现于欧洲，如法国、英国、意大利等地。它是用于参加特定的礼仪活动，如大型颁奖典礼、晚会、婚礼、宾客接待等所必须穿着的服装。由于生活方式不同，风俗习惯迥异，各个时代、各个民族的礼服式样也不同，礼服上所运用的图案更是不尽相同。

1. 礼服的分类

礼服可分为晚礼服、小礼服、裙套装礼服、婚礼礼服等类别。

（1）晚礼服：它是在晚间仪式或重大典礼上所穿着的服装，款式上一般加入褶皱的元素进行设计，裙长较长，有的甚至有很长的拖尾。面料以轻柔、飘逸、垂感好的真丝为主，比较能突出高贵优雅的气质，图案上以显现女性特点的花朵图案为主，工艺以钉珠、刺绣、立体造花等手工艺为主，突出晚礼服的精致高贵（图6-51）。

（2）小礼服：款式偏年轻化，设计俏皮可爱，裙长一般在膝盖以上，在晚间或日间的鸡尾酒会、聚会、仪式上穿着。图案的设计相较于晚礼服而言，更自由，题材更丰富（图6-52）。

图 6-51 晚礼服（Elie Saab 2019 春夏巴黎高级定制）

图 6-52 小礼服（左一为 Giambattista Valli2019 年春夏时装秀、右二为 Disbanded 2019 年春夏时装秀）

（3）裙套装礼服：它是职业女性在职业场合出席庆典、仪式时穿着的礼仪用服装。裙套装礼服显现的是端庄、干练的职业女性风采。款式设计较为丰富多样，图案中题材的范围比其他礼服更广泛（图6-53）。

（4）婚礼礼服：它的服装款式变化不多，以纱和蕾丝、绸缎等面料为主。不同地域的婚礼礼服不尽相同，同时也代表着各个国家的风俗习惯。西式婚礼礼服图案以蕾丝图案为主（图6-54），中式婚礼礼服图案则以吉祥图案，如凤、花卉等刺绣图案居多（图6-55）。

2. 礼服的图案应用与设计

礼服所对应的穿着场合大部分比较正式，所以图案在设计上比较精细，题材选用显现女性特点的如花卉等植物图案，婚纱以蕾丝图案为主，工艺以刺绣、钉珠等复杂的手工艺为主，现在数码印花技术成熟，也有使用数码印花技术印制肌理感或设计感比较强的图案在礼服上，工艺考究、制作精良是礼服的特点。礼服的局部图案应用，以胸部、腰部或裙摆处居多，用以突出某一个局部的设计，连续纹样也常用在礼服中，题材有花卉图案（图6-56）、动物图案（图6-57）、抽象肌理图案（图6-58）、蕾丝图案（图6-59）、涂鸦图案

图6-53　裙套装礼服（Elie Saab 2019年春夏巴黎高级定制）

（图6-60）、绗缝图案（图6-61）等。

二、礼服图案设计案例

1. 刺绣图案在抹胸礼服中的运用

将小的朵花图案用刺绣的工艺表现手法，在服装中采用渐变运用的方式，从上到下，由密到疏进行排列，运用形式自由，设计感强烈（图6-62）。

图6-54　西式婚礼礼服（Elie Saab 2019年春夏巴黎高级定制）　　图6-55　中式婚礼礼服

图 6-56　花卉图案（从左至右依次为 2019 年春夏高级定制 Giambattista Valli、Luisa-Beccaria、Valentino）

图 6-57　动物图案（盖娅传说 2019 年秋冬发布）

图 6-58　抽象肌理图案（Elie Saab 2019 春夏高级定制）

图 6-59　蕾丝图案

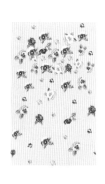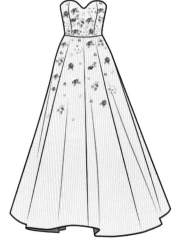

图 6-60　涂鸦图案（Marni2020 春夏高级成衣）

图 6-61　绗缝图案（Oscar de La Renta2019 秋冬高级成衣）

图 6-62　抹胸礼服设计

2. 花卉植物图案在礼服中的运用

花朵图案、叶子图案等也是礼服的常见表现题材，采用同一题材、不同造型的植物元素进行组合设计，可增强设计效果。在服装中采用满身运用形式，结合数码印花工艺，可提升高贵的气质（图6-63、图6-64）。

3. 蕾丝图案在礼服中的运用

蕾丝面料常用于西式婚礼礼服设计，或全身装饰，或局部装饰，形成半透的效果，性感又不失端庄（图6-65）。

4. 烫钻图案在中式礼服中的运用

礼服图案讲究工艺表现，不同工艺带来不同的视觉感受。烫钻或钉珠这一类手工装饰图案在礼服中运用非常多，体现礼服的华丽与高贵。烫钻图案设计为心形，运用在前胸处、领子处以及胳膊处，突出上半身的装饰效果（图6-66）。

图 6-63　不对称褶皱礼服设计

图 6-65　蕾丝礼服设计

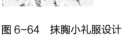

图 6-64　抹胸小礼服设计

图 6-66　立领中式礼服设计

图6-67　印花礼服设计　　　　　　　图6-68　吊带小礼服设计　　　　　　图6-69　单肩晚礼服设计

5. 几何图案在礼服中的运用

礼服的图案设计除了常见的花卉题材外，设计感强烈的几何图案也是礼服图案题材之一，线条通过不同的排列可以形成不同的视觉效果，不同的组合方式给几何图案的设计带来无限的创意空间（图6-67）。

6. 手绘图案在小礼服中的运用

手绘图案以手绘所产生的随机肌理效果为特色点，在服装中进行满花装饰，突出小礼服可爱俏皮之感（图6-68）。

7. 提花图案在礼服中的运用

图案采用四方连续的组织形式，用提花工艺表现出淡淡的暗纹效果，低调又有设计感（图6-69）。

第五节　童装图案设计应用

童装设计与成人服装设计的区别主要在于款式的功能性和面料的舒适性。但是，装饰手法相对成人服装更加多样化，尤其在图案设计上，有更强的表现力，是体现童趣、儿童特征的重要装饰手法，是童装设计的重要组成部分。童装结构相对简单，因为儿童胸、腰、臀的尺寸差距不大，整体款式要以简洁、舒适、活动自如为主。在简洁的款式上添加生动的图案是童装设计的常用手段（图6-70）。

一、童装设计特点及分类

童装设计的特点在于趣味性。童装的趣味性设计主要包括外轮廓、内部结构、图案、色彩以及加工工艺等，这些元素以各种各样的形式运用到设计当中。

儿童在不同阶段具有不同的活动与体态特点，不同阶段下的童装结构及所采用的服装面料和图案设计也有所区别。儿童成长期包括婴儿期、幼儿期、学童期三个阶段。要根据不同的阶段选择面料、款式结构色彩、图案等设计元素。

1. 婴儿期

婴儿期是指刚刚出生至1周岁的孩子。这个时期的服装设计以功能性为主，衣服用以保护身体和调节体温。应使用柔软而轻薄、卫生且吸湿性强的

图6-70 童装设计

面料，尽可能选择棉织物和棉毛织物。在款式上要考虑其整体的舒适性，以穿脱方便为主。在色彩上采用比较柔和的色调，图案以较为清新的花朵图案、几何图案、动物图案为主（图6-71）。

2. 幼儿期

幼儿期是指1~5岁，是身体、运动技能及语言发展的关键时期。1~3岁这个时期的幼儿身体特点是头大，颈部短，腹部较为突出，因此款式要以较为宽松，便于穿脱的样式为主。3~5岁时期的幼儿体态与前期相比，腿部、肩宽、胸围都会有显著增长。孩子开始有一定的自理能力，此时孩子的衣服应注重实用性，以上下组合的样式为

主，可以随时穿脱，方便体温调节和换洗，避免过多的装饰，图案设计上以简单的卡通图案、水果图案、花朵图案等为元素，可以直接在面料中使用图案，也可以结合到结构里，与口袋、领子等部件结合增加趣味性（图6-72）。

3. 学童期

学童期是指6~12岁。这个时期是孩子各方面发展的显著时期，思想开始独立，男女生的体态差异也开始显现。在着装上受家长和同学影响较大，但随着年龄的增长，儿童对自己的着装有着相当的决定权，体现了自身对服装的喜好特点。低年级段的孩子对一些卡通形象的装饰仍然非常喜欢，而高

图6-71 婴儿期服装款式

图 6-72　幼儿期服装款式

年级的孩子着装喜好会趋于成人化。

　　这个年龄段的儿童生活内容更加丰富，如学习、劳动、游戏、娱乐等。因此，这个时期的服装特点是充满生活气息的，无论是色彩、面料、款式以及各种装饰手法都要充满活力及活泼感。大部分学童期儿童喜欢的服装中都会有卡通元素、英文字母等图案装饰。图案的装饰也是学童期儿童表达个人思想意识和爱好的重要途径（图6-73）。

图 6-73　学童期服装款式

二、童装图案设计

相对于其他类型的服装设计而言，图案与童装的结合更为紧密，富有生活气息的图案是童装设计中不可或缺的，孩童心难懂又易懂，怀着稚嫩之心去理解衣服上的图案是吸引儿童的关键，不同年龄阶段的图案设计各有不同，但大体上还是以印花和绣花章等方式为主。

从性别上分，男童服装图案的设计以交通工具、大型动物、太空、建筑、农场、游戏等元素为主（图6-74）；像花朵、昆虫、鸟类、热带雨林等元素多会用在女童服装的图案设计中（图6-75）；在相对中性的T恤设计中会用胸前印花章、绣花章、毛巾章，还有后领标等元素，这些元素常以企业里的品牌宣传、Logo设计、名片设计为主。

从图案类型上分，根据不同的年龄段，风格也不尽相同，通常情况下，在婴幼童服装设计中，动物图案经常以可爱、滑稽的形象出现；在中大童的服装设计中，动物图案有时会以凶猛、危险的形象出现；而人物类图案形象通常与儿童的年龄相符。如卡通人物、童话公主、时尚少年等，适合5岁以上儿童的童装；球类、玩具、衣服、食物、日常用品、乐器等物品类图案在使用过程中通常要将其抽象、变形或与其他图案组合搭配。字母、单词、短语、数字、汉字、韩语、日语等文字类图案也是经常运用到服装设计中。通常情况下，字母和数字用于年龄较小的婴幼儿，单词在中童服装设计中应用较多，可以独立形成图案，也可以与其他类别组

图 6-74　男童装图案设计

图 6-75　女童装图案设计

图6-76 品牌童装图案设计

合，短语和句子用于年龄较大的儿童服装设计中；图形类图案，包括星形、心形、方形、圆形、多边形、格子、圆点、条纹等，可以作为背景与其他图案组合。另外还有场景类图案等，表现内容十分丰富。

品牌童装在图案的设计中会以突出品牌形象为主，例如米奇、迪士尼、史努比等品牌童装的装饰图案形象都是卡通图案，这些图案往往是以主题形式出现。以单个图案或是以连环画的形式把各种图案的造型在系列童装上进行表现。童装图案的构思还来源于相关的行业，如文具、精品、印刷品等，这些图案色彩鲜艳，紧跟流行，可将它们简化后用于童装（图6-76）。

三、童装图案的设计应用

选择合适的图案，能更好地表达设计者的思想和审美趣味。使图案完美地与整体服装相结合是图案在童装运用方面的重点，服饰图案从属于服饰的特定功能，而图案设计的空间是无限的，因此，对童装而言，图案的设计应更符合儿童的心理特征，通过新意的图案带给儿童强烈的视觉惊喜，延伸童

装的文化内涵，提升童装的整体品质（图6-77）。

图案在应用时有多种构图形式，使用比较广泛的是独立平衡式的构图方法。可以把多种元素进行有序或无序组合，通过调整元素的重心，使画面既有平衡感又不失活泼和动感，既达到了服装整体设计效果，又符合儿童的心理特征。边缘式适合图案也是童装设计中常用的一种类型，边缘式适合图案的特点为既有秩序又不失活泼生动，一般的适合图案通常会有固定的外轮廓，具有封闭性和围合性，或者用相同的元素进行反复循环，这类图案一般适

图6-77 童装图案设计

用于成人服装设计中。童装上的边缘式适合图案常常不使用单元纹样循环，而是将各种类似的纹样巧妙地按边缘排列组合。使用的位置也非常多样，如在衣、裤、裙的下摆，还有领口、袖口、门襟等部位。

另外，不同风格的童装其图案设计也不尽相同，既可以通过不同元素来体现，也可以通过配色来区别。运动风格的童装运用线条分割等元素较多，图案配色上以中差色、对比色为主，白色作为调和色也经常使用。整体视觉上具有响亮、明快、热情的特点；优雅风格的童装讲究细部设计，强调精致感。经常以图案配色的高级感来体现，常运用同类色、邻近色、类似色进行配色，在明度方面常运用高短调、高中调；时尚风格的童装常会受成人服装的影响，元素表现更为丰富，图案前卫、另类，多以轻快、粗犷或休闲的形式出现在服装中，色彩常以强对比色或无彩色为主（图6-78）。

1. 几何图案在童装设计中的运用

几何图案简单明确，是儿童服装中的常用图案元素，把两种或两种以上的几何图案进行组合，可以增加层次感，丰富视觉效果。

2. 动物图案在童装设计中的运用

把动物图案通过简化处理，以简洁可爱的形象出现在服装的局部，大大增加了童装的趣味性，是适合中小童服装的图案设计。

3. 卡通动漫形象在童装图案设计中的运用

卡通形象是儿童熟悉并喜欢的元素，可直接运用也可以以剪影的方式运用到服装设计中，直观且具有亲切感。

4. 定位图案在童装设计中的运用

定位图案既有秩序又不失活泼生动，其不使用单元纹样循环，而是将各种类似的纹样巧妙地按边缘排列组合。使用的位置也非常多样，如在衣、裤、裙的下摆，还有领口、袖口、门襟等部位。

5. 四方连续图案在童装设计中的运用

四方连续图案可以使服装形成比较统一的色调，元素选择非常多样，如水果、花卉、卡通、几何元素等，在运用时既要注意色彩搭配，也要对元素的组合如对比、疏密等关系进行设计。

图 6-78　童装图案设计

课前训练

■ **训练内容：**

准备不同类型的服装图案的设计案例，结合图例具体分析，教师、学生分别讲解其构思过程。

■ **训练注意事项：**

1. 注意寻找和搜集的案例应具备典型性、鲜明性的要求，为本章节图案的应用设计学习打下基础、做好铺垫。

2. 学生搜集学习素材时，建议以小组形式，小组同学合作讨论，自由发表意见，教师积极引导。

■ **训练要求：**

1. 学习不同类型服饰图案的表达与设计方法。

2. 通过具体实践案例解读多元类型服装图案设计过程，从而培养学生服装图案设计创造与表现的能力。

■ **训练目标：**

通过案例分析讲解，使学生了解不同类型服装图案的设计应用。通过学习和训练，实践在不同类型的服装里进行图案设计变化与表达。

课后实践训练

■ **训练内容：**

选择某种类型的服装，分析其特点，完成服装图案的应用设计训练。

■ **训练要求：**

突显服装类型特点，图案设计新颖，符合流行趋势，图案的构成形式明确，图案的律动感强。

实践训练

第 7 章
服装图案的表现工艺

本章要点

- 不同工艺的实施流程。
- 不同工艺的优缺点。
- 不同工艺之间所针对的面料种类。

本章引言

　　漂亮的图案在进行装饰的时候具有一定的从属性，它必须有一个装饰对象，在用不同的图案进行装饰的时候，根据市场需求、产品定位等选择一种合适的工艺显得尤为重要。不同的表现工艺可以带来不同的视觉效果，也在一定程度上决定了产品的价值。

第一节　传统机器印花实现服饰图案

传统机器印花工艺有滚筒印花和丝网印花等，这些工艺各有各的特点，不同的设备之间所选择的面料不同，图案不同，工艺也不尽相同。这两种机器印花工艺均需要提前刻一个花板出来，并且一个颜色对应一个花板，颜色越多，花板越多，成本也越高。

一、滚筒印花

滚筒印花法的发明者是苏格兰人T·贝尔，1785年开始应用，至今仍属主要印花方法之一。滚筒印花工艺是用刻有凹形花纹的铜制滚筒在织物上施以图案和色彩的工艺方法，又称铜辊印花，刻花的滚筒称花筒。印花时，先使花筒表面沾上色浆，再用锋利而平整的刮刀将花筒未刻花部分的表面色浆刮除，使凹形花纹内留有色浆。当花筒压印于织物时，色浆转移到织物上，得到花纹。每只花筒印一种颜色，图案中有几种颜色就需要在设备上装几个花筒，印完一种颜色再印下一种，最后印出多彩的图案。

滚筒印花机所印花纹的精细度是由雕刻的精细度来决定的，从理论上说精细度可以到约20微米。铜滚筒上可以雕刻出紧密排列的、十分精致的细纹，因而能印出十分精致、柔和的图案。例如精细、致密的佩利兹利涡旋纹花呢印花就是通过滚筒印花印制的一类图案。雕刻花筒的大小取决于印花机和印花图案。大多数印花机可配置最大周长为16英寸的花筒，也就是说印花花纹循环的大小不能超过16英寸。印花滚筒几乎可以无限制地使用，一般印制几百万码的织物都没有问题，这种印花工艺主要运用印制四方连续图案（图7-1）。

二、丝网印花

丝网印花多应用在T恤印花中，几乎90%的T恤都使用的丝网印花技术。丝网印花技术相对复杂，主要有设计、出菲林、晒版、印花、烘干几个步骤。丝网套色印花和滚筒印花一样，一种颜色需要对应印制一个版。丝网印花主要可分为水浆印花、胶浆印花、油墨印花、植绒印花等。通过加入一些特殊材料，会有不同的印花效果，可以满足客户特殊的需求。如爱马仕的丝巾就是坚持使用丝网印花工艺，平均每条会使用超过27种不同颜色，如最复杂的人脸会设计出十几种颜色。每一种颜色都是人工制版，然后一遍遍印刷，是真正的纯手工

图7-1　滚筒印花服装

图7-2 爱马仕丝巾中的丝网印花

图7-3 丝网印花T恤

制作（图7-2）。

丝网印花可以手工印制也可以机器印制，它适用于各种类型的油墨，制版方便、价格便宜、技术易于掌握，设备小巧，操作简单，很多T恤图案

的个性化定制都是采用丝网印花工艺完成的（图7-3）。它的应用范围十分广泛，除了在服装中被广泛采用，还可以进行纸类印刷、塑料印刷、玻璃印刷、电子产品印刷等。

第二节 数码印花实现服饰图案

集计算机辅助设计技术、数码制造技术、纺织品印染技术三大技术于一体的新型印染技术——数码印花技术，其革新了传统印花技术的运作模式，给纺织品印染行业带来了一个全新的概念，使印花行业从传统的劳动密集型工业进入了技术密集型的数码高科技时代。它的出现不仅可以提高纺织品的附加值，而且为高效率、少污染、个性化的纺织图案印染工艺的实现提供了可能。

数码印花工艺分为数码热转移印花和数码直接喷墨印花两种。数码热转移印花指计算机按设计要求控制喷嘴的喷射以及沿X、Y轴方向移动，从而对图案进行定位，数字喷墨印花机则通过对专用染液（包括活性、分散性和酸性染料墨水）施加外力，使染液通过喷嘴喷射到已做过预处理的织物上，形成一个个色点，这些色点在织物表面混合形成相应的图案。再根据墨水系统的性能，经过相应的后处理获得印有图案的纺织面料。这种印花是基

于细小流体分裂成液滴的原理而开发的一种新型印花方式，所使用的是数字化图案，图案可选择的范围广泛，可满足小批量、多品种、高档次和个性化的市场需求。传统的纺织品印花需要对所印制的图案进行分色描稿、制版、对花等处理，这种方法虽然比较适合大批量生产，但同时也存在一定的缺陷。它的生产工艺流程复杂、耗时长、劳动强度大、占用空间大、环境污染严重。然而，数字喷墨印花摒弃了传统印花需要的繁缛环节，具有广阔的发展前景。目前已广泛应用于服饰行业、家用纺织品行业、旅游业、广告业、影楼业等。

一、直接喷墨数码印花

直接喷墨数码印花是指用数码打印机在各种面料上直接打印出图案（图7-4），采用活性染料墨水的导带数字喷墨印花工艺流程为：

上浆预处理—喷墨印花—汽蒸—水洗—烘干—成品。

上浆预处理：由于染料与面料结合所需的酸性或碱性条件无法在墨水中实现，且染料墨水本身的低黏度和高表面张力，使墨水直接打印在面料上时容易渗化。因此，要防止墨水在织物上渗化，需提供面料和墨水之间反应所需要的固色条件，即面料的上浆处理。预处理的方式有双面浸轧、单面浸轧、刮印、涂层等，面料较少时还可以手工上浆。活性墨水所对应的浆料由尿素、海藻酸钠、去离子水等按比例调制而成。

图7-4　直接喷墨数码印花机（宏华）

喷墨印花：上完浆料的面料烘干后即可将其平整粘贴于导带上，进布时需注意面料不能纬斜。根据面料的厚薄不同，还可以调整喷头的高度，以免面料在打印时擦到喷头产生瑕疵。打印时需注意面料在机器金属棍中的穿插走向，务必使面料贴于导带上时为正面朝上，待面料经过干燥区域烘干后打卷再进行后处理。

图7-5　直接喷墨数码印花作品

汽蒸：其目的是使染料分子在一定的湿热条件下，使其与面料发生化学反应并固着于面料上。面料在蒸化之前，需先将其悬挂在布架上，再推入汽蒸箱内。面料性质不同，汽蒸时间也不同。一般汽蒸温度为102℃～105℃，汽蒸时间为35min，汽蒸时间过短，染料发色不够，得色较浅，汽蒸时间过长，会造成活性染料的水解，得色量下降。

水洗及烘干：水洗是将汽蒸后未与纤维反应的染料浮色清洗掉。

数码印花工艺的出现，使得图案的设计可以不受花回和色彩的限制，这也使得服装所呈现出的成品效果更加漂亮，图案的题材更丰富、色彩更多样化（图7-5）。

二、热转移数码印花

热转移数码印花需要在转印纸上预先打印好印花图案，然后通过热转印的方式转印到各种面料上（图7-6）。热转移数码印花工艺简单，是将印花图

图7-6　热转移数码印花机（大笨象）

案直接打印在转移纸上，通过加热使染料从纸上升华至人造化纤面料上即可，并不需要进行相关预处理和后处理。热转移印花的效果主要取决于分散染料的升华特性，它要求染料与纤维之间的亲和力大于染料与纸之间的作用力，这样才能使染料吸附并染至面料上，其只适用于涤纶、锦纶等合成纤维面料的印花，天然纤维面料或天然纤维和化学纤维混纺面料着色效果则较差（图7-7）。

热转印的工艺流程为：转移纸—喷墨打印—喷墨印花纸和印花面料—热压转印（210℃，30s）—喷墨印花产品。

图 7-7 DSQUARED2 2020 年春夏高级成衣

第三节 扎染技法实现服饰图案

扎染是一门历史悠久的传统手工染色技术，在古代称其为缬。秦汉时期就有史料记载染缬的传统技术与工艺，经历了魏晋南北朝的发展，从古至今，从东方到西方，扎染已经成为丰富人类衣装图式的重要手段之一。

一、扎染的概念与发展历史

1. 扎染的概念

扎染，又称绞缬夹缬、染缬、扎缬等，是中国传统而独特的染色工艺。通过对织物施以捆、绑、扎、缝等多种方法，将其侵染着色，形成独特曼妙的图案纹样，是中国传统的手工染色技术之一。

2. 扎染的发展历史

扎染历史悠久，起源于黄河流域，现存最早的扎染制品出于新疆地区。人类有了纺织的布帛和丝锦，才有了实现涂染技术的可能。

早在东晋，扎染工艺就已经趋于成熟，并且扎结防染的工艺技术已经形成批量化的加工水平。出现了大批生产的绞缬绸，绞缬图案纹样以简洁的小簇连续纹样为主，如蜡梅、海棠图案花样，白色小圆点"鱼子缬"图案花样，"玛瑙缬""鹿胎缬"等图案花样（图7-8）。

南北朝时期，扎染被广泛应用于妇女的服装中，如在《搜神后记》中就有染有"鹿胎缬"图案纹样的紫缬襦的文字记载。唐代绞缬的纺织品流行更为普遍，当时妇女流行的"青碧缬"衣裙是唐代的基本服装式样，而且绞缬绸的花纹较以往时代更为精美，并传入日本等国，后又经日本传入我国云贵地区，扎染工艺在云贵地区得以不断发展。

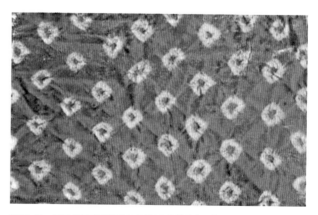

图 7-8 吐鲁番阿斯塔那出土的西凉绞缬绢"鱼子缬"

扎染技术主要在大理白族地区发展，通过抓、缝、夹、叠等不同方法的运用，创造出各种不同纹路的扎染图案纹样。同时，运用板蓝根、红花、紫草等植物染料，结合米、面、豆等材料制成防染浆，经过多次扎结、染色，形成图案纹样丰富、色彩层次斑斓的效果。明清时期，云贵地区的洱海卫红布、喜洲布、大理布均是当时颇具美誉的畅销产品，而且还出现了染布行会，染织技艺水平极高。民国时期该地区的居家扎染作坊遍及周城、喜洲等乡镇，成了知名的扎染中心。伴随时代发展与进步，白族扎染经过不断发展，已形成颇具民族民俗风情的手工印染艺术。

二、扎染工艺特点

由于扎染制作以绳线捆扎的扎结方式为主，所以打绞成结的手法变化多样，大约有一百多种技法，各有特色且形成多变的图案纹样，自然活泼、随意洒脱，既可以形成规则纹样染织物，又可以染出层次丰富、构图复杂的具象图案。

扎染过程中对织物的扎结是为了起到防染的作用，捆扎越紧、越牢，防染效果越好。被扎结的部分保持原织物的颜色，未被扎结的部分则受到染色（图7-9）。因此，扎染后会形成颜色深浅不一、层次丰富的色晕和皱印效果。加之染色过程经过了反复的手工煮染而形成，故同种扎结方式染制后的色彩效果变化万千，色彩融合渐变过渡自然、晕色丰富；独特的手工技艺形成了扎染作品形色无定、变化自然的独特艺术效果，是机械印染工艺难以实现的（图7-10）。

三、现代扎染艺术的表现

现代扎染是在传统扎染基础上演变与发展的，其艺术个性、科技手法无不彰显现代扎染有别于传统扎染的独特魅力。而现代扎染的概念也是于2000年以后提出的，现代扎染整合了当代先进印染技术，将现代科技、现代理念与艺术创作等结合，使扎染艺术呈现出工艺与科技、艺术与科学的紧密结合，具有丰富的艺术表现力。

新材料和新工艺的运用与结合有效实现了传统扎染向现代扎染的转变。现代扎染艺术吸收了现代艺术设计的构成原理，也融入了大量现代工艺手法，如压、注、拔、喷、刷等工艺，使现代扎染艺术融入了情、艺、趣、美等多重审美效果，而这些新的设计语言和视觉形式是现代扎染得以形成的重要因素（图7-11、图7-12）。

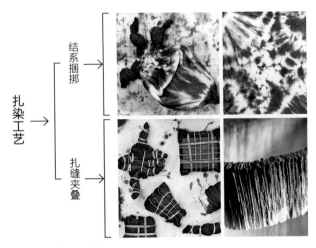

图 7-9 扎染工艺方法

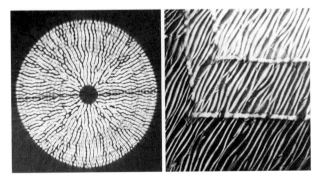

图 7-10 扎染工艺图案

图 7-11　现代扎染工艺

图 7-12　Louis Vuitton 2019 春夏男装成衣系列运用扎染工艺表现面料

第四节　蜡染技法实现服饰图案

蜡染是我国少数民族传统的印染手工艺，历史悠久而古老，与夹缬（镂空印花）、绞缬（扎染）并称为我国古代三大传统印花技术。中国的蜡染艺术呈现出独具特色的民族美感，由于大多聚集在贵州、云南、广西、四川、湖南、江西等地区，且多在苗族、布依族、瑶族、彝族等少数民族中流传与使用，故呈现带有明显地域个性和独特民族特性的多元化蜡染艺术作品。经过历史的不断延续发展，少数民族地区世代的传承，蜡染艺术已经成为中国极富特色的民族之花，也成为服装面料表现的常用工艺手段。当下结合新技术和新材料，蜡染工艺表现服饰图案语言更为多元，形式更为丰富。

一、蜡染的概念与发展历史

1. 蜡染的概念

蜡染，又称蜡缬，是用蜡刀蘸取熔蜡绘花于布上，这一过程称之为画蜡；然后将画好蜡的布料经过侵染、脱蜡，形成蓝底白花或白底蓝花的多种图案。

需要特别说明的是，由于蜡染使用蜡作为防染剂，在侵染、脱蜡等过程中，会出现自然的裂纹，好似冰裂效果，极具特色（图7-13）。

2. 蜡染的发展

作为一种古老的染色技术，蜡染不仅出现在中国，在印度尼西亚、马来西亚、日本均有此技术，日本称其为蜡缬染，印度尼西亚和马来西亚称其为"Batik"，地域文化不同，所形成的蜡染艺术在意趣和实用价值上各具特色（图7-14）。

蜡染在中国的发展历史应该从人类认识和发现染料开始。山顶洞人最早认识和发现了氧化铁之类的矿物颜料；新石器时代，我们的祖先在使用矿物质染料的同时也开始使用植物性染料。

秦汉时期，西南地区少数民族已经发明了蜡染

图 7-13 传统蜡染工艺表现面料

图 7-14 印度尼西亚蜡染工艺——巴迪克

并开始植棉,《贵州通志》记载蜡染:"用蜡绘花于布而染之,既去蜡,则花纹如绘。"当时称其为"阑干斑布",并逐渐传至中原乃至全国,其后又传至亚洲各国进而传入欧洲。唐代蜡染发展达到鼎盛阶段,更普遍的在日常生活中应用。无论是贵族,还是平民,皆以穿着和使用蜡染为时尚。宋代逐渐从中原、江南向西南地区发展,开始走向衰退。但是,居住在西南的少数民族,如贵州的苗族、水族、瑶族、布依族等少数民族却将蜡染作为生活美化、日常装扮的重要手段,代代相传,故"孔雀布""瑶斑布"和"顺水布"等蜡染制品远近闻名。蜡染的发展也成了中国染织历史中极其重要的篇章(图7-15)。

蜡染过程:蜡刀蘸熔蜡—绘花于布—蓝靛浸染—去蜡。

蜡染图案:蓝底白花、白底蓝花。

二、中国极具地域特色的蜡染艺术

中国传统蜡染艺术作品风格各有不同,不同地

图 7-15 中国少数民族蜡染工艺

域和不同民族，甚至是相同民族、不同地域，其在蜡染表现的工艺、图案及风格上均有差异。

例如，苗族丹寨型蜡染艺术就极具地域特色，其螺旋图案与镇宁布依族的螺旋图案在造型色彩、组织排列、工艺特色等方面均有差异。丹寨白领苗族的螺旋图案其造型为双线螺旋纹，螺旋曲线正反交错排列，疏密得当；而镇宁布依族的螺旋纹图案造型则为单线螺旋纹样，且图案纹样直线、曲线结合，疏空、密实兼顾。从组织形式上丹寨的螺旋图案更多以对称的适合组织与二方连续相结合；镇宁的螺旋图案则主要是二方连续与四方连续的组织排列。色彩上，丹寨的螺旋图案艳丽多色，有蓝、黄、橙、白等色，蜡染图案也多和刺绣、贴花、挑花等工艺结合；镇宁的螺旋图案颜色素雅少色，多

以深沉的蓝色为底，洁白色为纹，蜡染工艺也多与织锦工艺相结合（图7-16、图7-17）。

黄平型蜡染艺术图案主要以太阳、鸟、蝶、蝙蝠、石榴、鱼、铜鼓、花草、藤等自然纹样和螺旋纹、云纹、三角纹、回纹等几何纹样相互穿插而构成，极具地域特色，体现出黄平地域少数民族的日常生活与情怀、情趣。

三、现代蜡染工艺的发展

伴随人们审美和科学技术的发展，蜡染工艺被广泛应用到服装及其他染织艺术中，图案构成形式更为多元，图案素材更为丰富，图案配色和染色均更具现代感（图7-18～图7-20）。

图 7-16　丹寨蜡染图案

图 7-17　螺旋纹图案

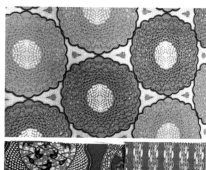

图 7-18　现代蜡染面料

图 7-19 传统手工工艺面料

图 7-20 蓝·忆——成昊蜡染系列服装

第五节　直接手绘实现服饰图案

服装图案的实现工艺有很多种，其中手绘图案是一种独一无二的实现形式，它可以自主设计图案，自由搭配颜色，传递着设计师的设计理念。

一、准备工作

手绘服装的工具和原料如下：

首先准备待绘制图案的衣服，多以白T恤为主，也可以是带有颜色的T恤，除此之外，牛仔裤、丝绸、皮革、针织之类的衣服也可以，基本上可以手绘所有衣服，这里以白T恤为原料进行介绍。除了服装之外，还要准备颜料，一般手绘使用的是丙烯颜料，也叫亚克力颜料，其特点是价格便宜，但容易开裂。除了丙烯颜料，纺织颜料也常作为手绘服装的颜料选择，这种颜料价格相对较高，但质量上好一点，一般选用丙烯颜料就够了。然后准备画草稿图用的A4白纸及复写纸。

二、手绘图案步骤

手绘服装的步骤如下：

（1）**画草稿图，确定造型。**拿出A4白纸，把想要绘制的图案首先画到白纸上（图7-21）。

图 7-21 图案设计

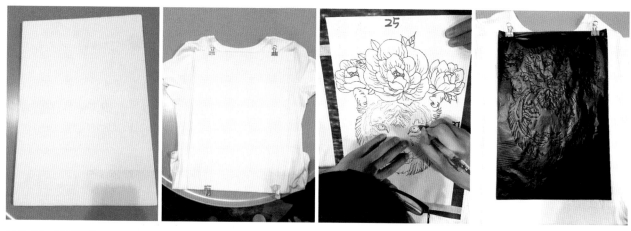

图 7-22　线条勾勒

（2）**线条勾勒。**把T恤平铺在桌面上，将纸板垫在衣服下面，以防颜料渗至衣服的另一面，衣服上放复写纸，注意复写纸有白色也有彩色，如果复写纸是深色的，粘时不必太用力，以免弄脏衣服，接下来把自己绘制的图纸放在复写纸上，用铅笔描绘图纸上的线条，把图案复印到T恤上（图7-22）。注意，如果出现画错的情况，不要用橡皮去擦，这样做会使衣服变脏。注意，铅笔描绘后衣服上的图案线条可能不是很清晰，这步操作不需要很清晰，能看见就够了。

（3）**上色。**描完线稿拿出丙烯颜料，调好颜色，接下来开始涂色。首先用颜料勾出边线，再在衣服上填充颜色，注意不要涂太厚，太厚的丙烯颜料干后会裂开。此外还要格外注意不要将颜料染到别处，这种颜料是很难洗掉的（图7-23）。

（4）**晾干。**衣服画完后不是等着自然晾干，这时候要用吹风机把衣服吹干。若使衣服自然晾干，上面的颜料有可能会掉色。

（5）**存放。**刚手绘完的衣服要两天后才可以洗，以防颜料脱落。在清洗过程中，不要用手搓手绘的图案，也不要用化学成分很高的洗衣液或漂白剂，更不要用热水洗，不要用洗衣机，这些对刚手绘完的衣服损伤很大。衣服洗完后，要自然干（在阴凉的地方），不可以在太阳下暴晒。衣服最好不要烫，如果要熨烫，一定不能熨烫手绘图案的部位。

图 7-23　上色

第六节 补花方法实现服饰图案

补花也称贴布绣，它是刺绣艺术的一种，是非物质文化遗产的一部分。它起源于周代，是结合布艺与刺绣艺术的一种图案的工艺表现形式，图案具有浅浮雕的立体效果，不同的地域文化所呈现的贴布图案风格、刺绣针法也有所不同。现代图案设计也常使用补花工艺进行服装装饰，是一种比较有特色的面料再造手法。

一、补花工艺的概念及针法

补花是一种将其他布料剪贴成一个形状，绣缝在服饰上的图案实现工艺，也称贴布绣。将布贴在绣面上的时候可以填充填絮物，使面料隆起，形成立体造型。贴布绣绣法简单，图案以一块块的布为主，布贴可以是边角余料，也可以是不同肌理感的面料。将带有不同图案的布贴或不同肌理感的布贴组合在一起后又形成一幅更大的图案，既有块面感，又有细节。

补花最早是农村妇女用于修补服装的破洞及损坏处的一种处理方法，后来通过不断改进，开始在破洞处缝补出不同的图案，最后逐渐发展为服装、鞋帽等服饰品上的一种图案的装饰手法。补花工艺的针法有很多种，手绣的针法有钉线绣（图7-24）、平针绣、藏针绣、回针绣、斜针绣、锁边绣（图7-25）等，补花的绣缝工艺有锁针、折边、包边、魔术贴黏绣边等。一般绣线的颜色与布贴面料的颜色相近或相同，也可以根据设计需求，采用和布贴颜色对比较大的绣线去锁缝、折边锁缝或包边锁缝，使设计感更突出，补花图案更明显、立体。

二、民间的补花艺术

传统贴布绣的图案设计与宗教信仰和图腾崇拜

有关，人们喜欢把凤、鲤鱼、喜鹊、鸳鸯、老虎等有着吉祥寓意象征的事物以及运用汉语中的谐音来进行寓意，把美好的愿望和对他人的祝福都表现在

图7-24 钉线绣

图7-25 锁边绣

图 7-26　阳新布贴艺术（从左至右依次为儿童马甲、兜嘴、童枕）

图案上，所以一看到贴布图案也就不难想到制作人所想表达的寓意了。

　　我国湖北省黄石市阳新县的阳新布贴是具有地方特色的著名的传统民间实用工艺美术品，被称为"神奇的东方特有的艺术品"。它是当地农村妇女用制作服装剩下的边角料，在黑色或深蓝色等深色面料上，精心拼贴成各种五彩斑斓的图案，贴花边缘多以白色进行装饰，显现黑漆点金般的色彩特征。图案取材于传统民间故事、戏曲人物、民俗风情和乡间景物，如观音坐莲、凤戏牡丹、福寿八宝、金鸡鲤鱼、桃榴茶兰等（图7-26）。阳新布贴以大色块布给人以强烈的视觉冲击力，配色非常丰富，色彩浓烈，造型稚拙，具有浓烈的楚文化风格。

　　我国少数民族地区也有用贴布绣来装饰服装和饰品的，比如广西壮族地区用贴布绣来装饰背带，图案以蛙蛇纹为装饰，装饰感非常强（图7-27）。苗族也有用贴布绣做装饰的，用在云肩或饰品上，苗族女子将缝衣服时布料的边角余料收集起来，再用它来进行刺绣，先剪成图案，然后用各种针法锁边，既有布贴的浅浮雕效果，又具有刺绣特有的精致美感（图7-28）。

图 7-27　壮族贴布　　图 7-28　苗族贴布绣云肩
绣背儿带（中国台湾
史前文化博物馆藏）

使用和服装面料颜色一致的绣线进行绣缝处理，几乎可以达到以假乱真的效果，完全看不出服装原本的破损痕迹。也有将较大的破洞剪成一个图案的形状，再贴补另一块面料，达到装饰的效果（图7-29）。

三、补花工艺在现代服装中的应用

　　随着人们生活水平的提高，现在使用补花工艺对服装破洞处进行修补的较少，但也不乏一些高档服装使用补花工艺进行处理，技艺高超的补花技术

图 7-29　现代服装破洞处的补花处理

图 7-30　徽章的补花装饰

图 7-31　补花图案设计

图 7-32　仿乞丐装的补花装饰

图 7-33　HUI·赵卉洲时装
发布会

另外，作为一种装饰手法，补花工艺在休闲装、童装中装饰较多，通常将贴布运用于服装的袖口、胸前、底摆或裤脚处，使原本单一的服装变得更为生动、丰富，也有用各种有趣的图案制作成刺绣徽章在服装上进行贴补装饰的（图7-30）。图案有几何图案、植物图案、动物图案等，布贴一般选用和底布具有不同质地或不同色彩、图案的面料进行装饰，突出布贴装饰的视觉效果（图7-31、图7-32）。HUI·赵卉洲时装发布会上使用和面料接近的同类色布贴进行图案装饰，塑造淡雅清新的视觉效果（图7-33）。

第七节　抽纱刺绣实现服饰图案

抽纱绣是刺绣的一种，也称"花边"，相传起源于意大利、法国和葡萄牙等欧洲国家，是在中古世纪民间刺绣的基础上发展起来的。抽纱绣按图案设计要求，在棉布或麻布上运用镊子、剪刀等工具抽去一部分经纬纱丝，采取抽、勒、雕、结等方法，在边缘以针线连缀，形成如雕刻般的镂空效果，达到别具一格的艺术特色。镂空的抽纱刺绣组成的图案，可以表现动物、植物、花卉等，有些设计师还设计建筑的抽纱绣图案，来表现巴洛克的雕刻风格。

一、抽纱绣服装图案的工具和原料如下

布料：抽纱绣最常用的布料是平织麻布，这种布料的特点是织目纵横交错，而且非常整齐，很少有表面不平整的情况，布料的厚度有很多种，织目越细，成品的图案就越具有魅力，初学者建议选择稍微厚一点的布料，避免抽纱过程中，线条容易断裂。布料也有很多种颜色，可以根据设计的图案选择不同的颜色。

刺绣框：刺绣框用于固定织布，这样方便整齐完成刺绣作品，需要注意的是，把布料固定在框上时，不能将纵横交错的织目拉到变形。

针：刺绣针分为前端为圆钝状的针和尖头状的针，圆钝状的针用于比较厚的布料，不容易断，适合于各种刺绣技法，尖头状的针适合织目细密的布料。

绣线：刺绣线有很多品牌，也有很多规格，有粗有细，织目大的布料使用比较粗的线，织目小的布料使用细的线，总之，需要根据布料的织目大小选择合适的绣线。

剪刀：用于剪断织线，最好选择前端锋利的小型剪刀。

二、抽纱刺绣步骤

下面介绍两种抽纱刺绣步骤，第一种步骤如下：

第一步，将布料固定在刺绣框上，用铅笔勾勒图案的线条轮廓（图7-34）。

第二步，用剪刀沿着图案的内轮廓将绣布织线抽出（图7-35）。

第三步，使用边缘装饰绣、绕结绣等方法将图案边缘进行连缀收边（图7-36）。

第四步，将抽掉纱后中间分隔镂空图形的纱线进行绕结收边（图7-37）。

以上完成了第一幅作品。

第二种步骤如下：

第一步，将布料固定在刺绣框上，用铅笔勾勒图案的线条轮廓（图7-38）。

第二步，将图案中的格子用绣线绣出来（图7-39）。

第三步，用剪刀使用经纬抽纱的方式将镂空的图案勾勒出来（图7-40）。

以上完成了第二幅作品。

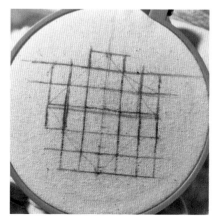

图 7-34　第一幅抽纱刺绣步骤 1

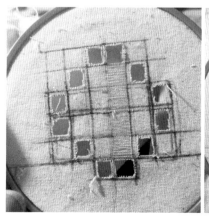

图 7-35　第一幅抽纱刺绣步骤 2

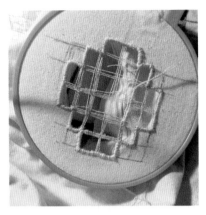

图 7-36　第一幅抽纱刺绣步骤 3

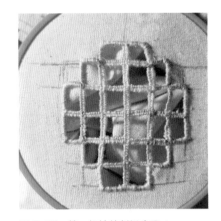

图 7-37　第一幅抽纱刺绣步骤 4

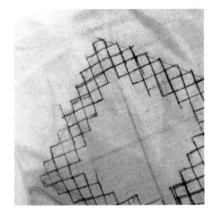

图 7-38　第 2 幅抽纱刺绣步骤 1

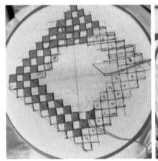

图 7-39　第 2 幅抽纱刺绣步骤 2

图 7-40　第 2 幅抽纱刺绣步骤 3

课前训练

- **训练内容：**
  尝试在不同的面料上进行手绘，感受相同图案、相同工艺在不同面料中运用时的差异性。

- **训练注意事项：**
  需要注意面料的特性。

- **训练要求：**
  使学生掌握不同的图案表现工艺的特点。

- **训练目标：**
  使学生了解每一种图案表现工艺的流程以及不同工艺之间的区别。

课后实践训练

- **训练内容：**
  选择某种服装图案的工艺类型，完成服装图案的设计，并在实践中完成服装图案的制作表现。

实践训练

作品欣赏

作品名称 /Title of Work   设计师 /Designer
新灵魂 /New Soul   邹丽娜 /Zou Lina

作品名称 /Title of Work   设计师 /Designer
蜿蜒 /Winding   姜梦思 /Jiang Mengsi

作品名称 /Title of Work　　　　　　设计师 /Designer
强"破"症 /Broken Beauty　　　　　吴素芬 /Wu Sufen

作品名称 /Title of Work　　　　　　设计师 /Designer
方 /Fang　　　　　　　　　　　　　余劲松 /Yu Jinsong

作品名称 /Title of Work
箭影 /ARROW SHADOW

设计师 /Designer
刘玥 /Liu Yue

作品名称 /Title of Work
维生素 C/Vitamin C

设计师 /Designer
曹曦 /Cao Xi

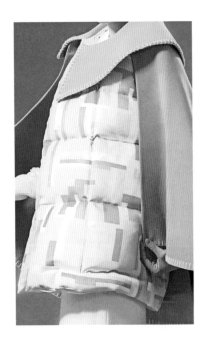

作品名称 /Title of Work　　　　设计师 /Designer
序进 /Xu Jin　　　　　　　　　曾敏 /Zeng Min

作品名称 /Title of Work
行走在自由旷野中 /Walking in the field

设计师 /Designers
静天华 /Jing Tianhua　　张倩 /Zhang Qian

作品名称 /Title of Work
幻 /Fantasy

设计师 /Designer
代晶 /Dai Jing

作品名称 /Title of Work
自然放松 /Natural Relax

设计师 /Designers
徐薇 /Xu Wei　黄艺玲 /Huang Yiling

作品名称 /Title of Work　　　设计师 /Designer
周期 /CYCLE　　　　　　　　陈美然 /Chen Meiran

作品名称 /Title of Work　　　设计师 /Designer
故障数码 /Gu Zhang Shu Ma　　许洁 /Xu Jie

作品名称 /Title of Work　　　　设计师 /Designer
挂帅出征 /Gua Shuai Chu Zheng　　余劲松 /Yu Jinsong

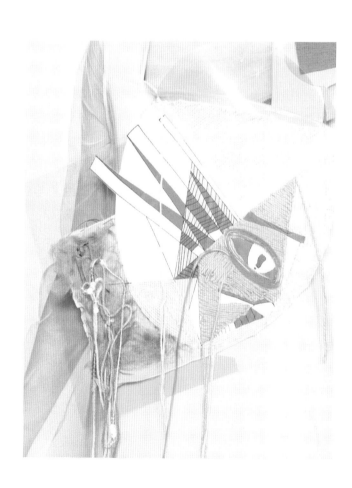

作品名称 /Title of Work
我在看你 /I am looking at you

设计师 /Designers
何林 /He Lin　　王子勍 /Wang Ziqing

参考文献

[1] 王连海. 中国民俗艺术品鉴赏[M]. 济南: 山东科学技术出版社, 2003.

[2] 乔杰, 等. 童装与时尚[M]. 北京: 中国纺织出版社, 2004.

[3] 王燕, 等. 童装创意与设计[M]. 上海: 上海现代出版社, 2001.

[4] 沈雷. 针织服装设计与工艺[M]. 北京: 中国纺织出版社, 2005.

[5] 周丽娅. 系列男装设计[M]. 上海: 中国纺织大学出版, 2004.

[6] 陈宝华. 悠游拼布中[M]. 北京: 中国纺织出版社, 2006.

[7] 钟茂兰. 民间染织美术[M]. 北京: 中国纺织出版社, 2002.

[8] 袁仄. 中国服装史[M]. 北京: 中国纺织出版社, 2005.

[9] 黄新华. 符号学导论[M]. 郑州: 河南人民出版社, 2004.

[10] 陈建辉. 服饰图案设计与应用[M]. 北京: 中国纺织出版社, 2006.

[11] 王鸣. 服装图案设计——服装设计师书系[M]. 沈阳: 辽宁科学技术出版社, 2005.

[12] 李立新. 服装装饰技法[M]. 北京: 中国纺织出版社, 2005.

[13] 张树新. 服饰图案: 第3版[M]. 北京: 高等教育出版社, 2007.

[14] 曹耀明, 张秋平. 服饰图案[M]. 上海: 上海交通大学出版社, 2004.

[15] 徐雯. 服饰图案[M]. 北京: 中国纺织出版社, 2000.

[16] 成朝晖. 平面港: 图案设计[M]. 杭州: 中国美术学院出版社, 2003.

[17] 孙世圃. 服饰图案设计: 第3版[M]. 北京: 中国纺织出版社, 2000.

[18] 余强. 装饰与着装设计[M]. 重庆: 重庆出版社, 2003.

[19] (日) 城一夫. 东西方纹样比较[M]. 孙基亮, 译. 北京: 中国纺织出版社, 2002.

[20] 刘元风, 胡月. 服装艺术设计[M]. 北京: 中国纺织出版社, 2006.

[21] 李敏, 巨德辉, 乔杰. 服装色彩与应用[M]. 大连: 辽宁科学技术出版社, 2006.

[22] 袁利. 服装设计的创新与表现[M]. 北京: 中国纺织出版社, 2005.

[23] 吕波. 服装材料创意设计[M]. 长春: 吉林美术出版社, 2005.

[24] 黄翠容. 纺织面料设计[M]. 北京: 中国纺织出版社, 2007.

[25] 吴波. 服装设计表达[M]. 北京: 清华大学出版社, 2006.

[26] 张秋山. 服装创意[M]. 武汉: 湖北美术出版社, 2006.

[27] 胡小平. 设计: 表现的突破服装[M]. 西安: 西安交通大学出版社, 2005.

[28] 袁莉. 打破思维的界限——服装设计的创新与表现[M]. 北京: 中国纺织出版社, 2005.

[29] 沈斌, 沈慧. 图案基础[M]. 南京: 江苏美术出版社, 2008.

[30] 丘星星. ＣＧ时代视觉设计心理[M]. 福州: 福建美术出版社, 2005.